Saskia Conrad

Mobile Applikationen im Tourismus

Marktanalyse und Zukunftsperspektiven mobiler Reiseführer

Diplomica Verlag GmbH

Conrad, Saskia: Mobile Applikationen im Tourismus: Marktanalyse und Zukunftsperspektiven mobiler Reiseführer. Hamburg, Diplomica Verlag GmbH 2013

Buch-ISBN: 978-3-8428-9583-6
PDF-eBook-ISBN: 978-3-8428-4583-1
Druck/Herstellung: Diplomica® Verlag GmbH, Hamburg, 2013

Bibliografische Information der Deutschen Nationalbibliothek:
Die Deutsche Nationalbibliothek verzeichnet diese Publikation in der Deutschen
Nationalbibliografie; detaillierte bibliografische Daten sind im Internet über
http://dnb.d-nb.de abrufbar.

Das Werk einschließlich aller seiner Teile ist urheberrechtlich geschützt. Jede Verwertung außerhalb der Grenzen des Urheberrechtsgesetzes ist ohne Zustimmung des Verlages unzulässig und strafbar. Dies gilt insbesondere für Vervielfältigungen, Übersetzungen, Mikroverfilmungen und die Einspeicherung und Bearbeitung in elektronischen Systemen.

Die Wiedergabe von Gebrauchsnamen, Handelsnamen, Warenbezeichnungen usw. in diesem Werk berechtigt auch ohne besondere Kennzeichnung nicht zu der Annahme, dass solche Namen im Sinne der Warenzeichen- und Markenschutz-Gesetzgebung als frei zu betrachten wären und daher von jedermann benutzt werden dürften.

Die Informationen in diesem Werk wurden mit Sorgfalt erarbeitet. Dennoch können Fehler nicht vollständig ausgeschlossen werden und die Diplomica Verlag GmbH, die Autoren oder Übersetzer übernehmen keine juristische Verantwortung oder irgendeine Haftung für evtl. verbliebene fehlerhafte Angaben und deren Folgen.

Alle Rechte vorbehalten

© Diplomica Verlag GmbH
Hermannstal 119k, 22119 Hamburg
http://www.diplomica-verlag.de, Hamburg 2013
Printed in Germany

Kurzfassung

Im Jahr 2011 ist es für den Menschen fast unmöglich geworden, sich dem Einfluss von Internet, Informationssystemen, Applikationen und der *Internet Cloud* zu entziehen. Aus diesem Grund lernten in den vergangenen zehn Jahren nach und nach viele Unternehmen, dass es mit der Nutzung der technologischen Fortschritte einfacher werden würde, die Bedürfnisse des wichtigsten Bestandteiles in der Marktwirtschaft zu erfahren und zu erfüllen: die des Kunden.[1] Auch im Tourismus versuchen die Leistungsträger der touristischen Wertschöpfungskette das Internet, vor allem in Verbindung mit dem Handy der neuen Generation, Smartphone genannt, zu ihren Gunsten zu nutzen.[2] Die westlich orientierte Informations- bzw. Wissensgesellschaft des 21. Jahrhunderts ist vor allem durch Mobilität gekennzeichnet. Sie entwickelt außerdem ein Bedürfnis nach zeit- und ortsunabhängigen Informationsdiensten. So sind mobile Dienste und Services in der Lage, den Touristen mit den nötigen Informationen über ein Reisegebiet, auch vor Ort als sogenannter mobiler Reiseführer, zu versorgen.[3] Doch inwieweit haben mobile Reiseführer einen Einfluss auf den Tourismus und eine Zukunft in dieser Branche? Diese Fragestellung soll im Rahmen der vorliegenden Studie untersucht und beantwortet werden.

Schlagwörter: mTourismus, mobile Reiseführer, Smartphones, ReiseApplikationen

---

[1] Vgl.: Die Welt Online: http://www.welt.de/print-welt/article550050/Wachstum-bei-E-Business-Anwendungen.html [07.04.2012]

[2] Vgl.: Kreimer, M. (2011): mTourismus, S.18

[3] Vgl.: walstreet.online: http://www.wallstreet-online.de/ratgeber/urlaub-staedte-und-laender/reiseinformationen/der-elektronische-reisefuehrer-gewinnt-an-bedeutung [07.04.2012]

Abstract

In 2011, it has become almost impossible for modern man to escape the influence of Internet, information systems, applications and the Internet cloud. For this reason, many companies gradually learned in the past ten years, that it would be easier with the use of technological progress to learn about the needs of the most important ingredient in the market economy and to fulfill: the customer. Also in tourism the service providers of the tourism value chain try to leverage the Internet, especially in connection with the new generation of mobile phones, called smart phones. [...] our Western-oriented information and knowledge society of the 21st Century is characterized primarily by mobility, which develops the need for time-and location-independent information services. Thus, mobile services have the ability to supply the tourists with the relevant information about a destination, even on the spot like a so called mobile guide. But up to what extent mobile travel guides have an influence in tourism and in the future of this business? This question will be examined and answered in this book.

Keywords: mTourism, mobile guides, smart phones, travel applications

Inhaltsverzeichnis

Kurzfassung V

Abstract VI

Inhaltsverzeichnis VII

Abbildungsverzeichnis IX

Tabellenverzeichnis X

Abkürzungsverzeichnis XI

Vorwort XII

1. Problemstellung und Zielsetzung 1

2. Der Reiseführer 3
2.1 Definition Reiseführer (Reiseleiter/Fremdenführer) 3
2.2 Definition Reiseführer (Buchformat) 4
2.3 Definition Reiseführer (Audioguide) 5
2.4 Definition mobiler Reiseführer (ReiseApp) 6
2.5 Beispiele für verschiedene Reiseführer 8

3. mTourismus 10
3.1 Definition mTourismus 10
3.2 Charakteristika des mTourismus 13
3.3 Mobile Dienste im Tourismus 16

4. Mobile Reiseführer 20
4.1 Applikationen als Reiseführer für Smartphones 20
4.2 Idealnutzer von mobilen Reiseführern 22
4.3 Nutzung touristischer Applikationen 27
4.4 Best Practice mobiler Reiseführer 32
4.4.1 Beurteilungskriterien für die ausgewählten Reiseführer 32
4.4.2 Wikitude 36
4.4.3 Tripwolf 40
4.4.4 Tourias 46
4.4.5 mTrip 51
4.4.6 Zusammenfassung der Best Practice mobiler Reiseführer 55

5. Erfolgspotenziale und Zukunftsperspektiven mobiler Reiseführer 59
5.1 Stärken und Schwächen von ReiseApps 59

5.2	Chancen und Risiken von ReiseApps		62
5.3	Erfolgspotenziale von Reise Apps		67
5.4	Das Aussterben des traditionellen Reiseführers		68 |荷

6. Fazit 73

Literaturverzeichnis XIII

Abbildungsverzeichnis

Abbildung 1: Beispiele für verschiedene Arten von Reiseführern 9

Abbildung 2: Mobile Internetnutzung 2011 11

Abbildung 3: Tägliche Nutzung des mobilen Internets 12

Abbildung 4: Konvergenz mobiler Dienste & Services 13

Abbildung 5: Lufthansa App 14

Abbildung 6: HRS App 14

Abbildung 7: Expedia App 14

Abbildung 8: Fanpage von FTI auf Facebook App 15

Abbildung 9: Venedig App 15

Abbildung 10: Starbucks App 15

Abbildung 11: Blackberry Travel App 15

Abbildung 12: Lokalisierung von Saskias iPhone durch Google Maps und Suche nach Fit Star Fitnessstudio in der Nähe 17

Abbildung 13: Google Maps Einbindung auf der Tourias App von München 18

Abbildung 14: Hotelbeschreibung in der Qype App 19

Abbildung 15: 25 Billionen Downloads von Apps 20

Abbildung 17: Verschiedene Verwendungsmöglichkeiten von Apps 27

Abbildung 18: Nutzung touristischer Applikationen 28

Abbildung 19: Einteilung touristischer Apps in Reisephasen 30

Abbildung 20: Hauptmenü der Wikitude App 38

Abbildung 21: "In der Nähe" auf der Kartenanzeige der Wikitude App 39

Abbildung 22: Live-Kameraansicht in Wikitude mit den zur Auswahl stehenden Welten 40

Abbildung 23: Tripwolf Reiseführer für Smartphones mit Basisversion von München 43

Abbildung 24: Tripwolf App mit Informationen über den Chinesischen Turm in München .. 44

Abbildung 25: Die Hauptfunktionen der Tripwolf Applikation 45

Abbildung 26: Premium Version Anzeige der Tourias App 48

Abbildung 27: Tourias Reiseführer für Smartphones 49

Abbildung 28: Nützliche Informationen über München in der Tourias App 50

Abbildung 29: mTrip Reiseführer München für Smartphones 51

Abbildung 30: Erstellung einer individuellen Reiseroute in der mtrip App für München 53

Abbildung 31: Erstellte Postkarte in der mtrip App 54

Abbildung 32: Zukunft der Tourismus-Applikationen 71

Tabellenverzeichnis

Tabelle 1: Unterschiede zwischen eTourism und mTourism mit touristischen Beispielen 14
Tabelle 2: Bewertung der Best Practice Beispiele mobiler Reiseführer 55

Abkürzungsverzeichnis

App	=	Applikation / Anwendung
App Store	=	Applikations Shop
BSc	=	Bachelor of Science
bzw.	=	beziehungsweise
ca.	=	circa
eBusiness	=	Electronic Business
eCommerce	=	Electronic Commerce
eReiseplan	=	elektronischer Reiseplan
et al.	=	et alii (und andere)
etc.	=	et cetera
i. d. R.	=	in der Regel
iOS	=	iPhone Operating System
LBS	=	Location – Based – Services
mBusiness	=	Mobile Business
mCommerce	=	Mobile Commerce
mReiseführer	=	Mobiler Reiseführer
mTourism	=	Mobile Tourism
mTourismus	=	Mobiler Tourismus
PC	=	Personal Computer
WLAN	=	Wireless Local Area Network

Vorwort

Nach meinem abgeschlossenen Abitur in Spanien haben mich meine Eltern motiviert, das Tourismus-Management-Studium anzutreten. Ohne ihre finanzielle und vor allem psychische Unterstützung in allen Phasen dieses Studiums in den letzten drei Jahren hätte ich es nie zu meinem Hochschulabschluss geschafft.

Für mich sind Martin und Maite Conrad längst nicht nur Vater und Mutter, sondern die besten Freunde, die es auf der Welt gibt. Deshalb widme ich dieses Buch meinen Eltern.

1. Problemstellung und Zielsetzung

In Zeiten der Wirtschaftskrise, des demografischen Wandels oder des Klimawandels gewinnt der Tourismussektor zunehmend an Bedeutung. So steigt beispielsweise die Reiseanzahl und der Umsatzes von Jahr zu Jahr.[4] Dabei steht heute der Reiseverkehr gemessen an seinen direkten und indirekten Einkommenseffekten in Höhe von rund sechs Billionen US-Dollar für rund neun Prozent der globalen Wirtschaftsleistung.[5] Die Bedürfnisse nach Abenteuern, Entspannung, Abstand vom Alltag etc. können gegenwärtig noch nicht wie vieles andere in virtueller Form gestillt werden. Jedoch benutzen die Reisenden des 21. Jahrhunderts immer häufiger ein *Accessoire*, das auch im Alltag unerlässlich geworden ist: das Handy. Das Mobiltelefon wird längst nicht mehr nur für Telefonate, Kurznachrichten oder Multimedia genutzt, sondern auch für die Bereitstellung von Informationen über Destination und Reisetipps über die einzelnen Eckpunkte der touristischen Wertschöpfungskette in den Zielgebieten, wie zum Beispiel Öffnungszeiten von Hotels oder geschichtliche Aspekte der Sehenswürdigkeiten. Diese Art der Informationsbereitstellung geschieht mit Hilfe geeigneter Übertragungstechnologien wie WLAN, Bluetooth, GPS, Foto- und Videokameras etc.[6] Einige dieser Techniken werden im Rahmen der vorliegenden Untersuchung erklärt.

Damit wird Touristen heutzutage die Möglichkeit überlassen, einen klassischen Tour Guide zu engagieren, einen traditionellen Reiseführer in Buchform zu kaufen, die Reiseinformationen im Internet zu suchen und danach auszudrucken oder die Reiseunterlagen mit einem mobilen Endgerät digital und aktuell in der Hand zu halten.

---

[4] Vgl.: fvw magazin, 21/11, S. 52

[5] Vgl.: fvw magazin, 05/12 S. 20

[6] Vgl.: Egger, R. (2010): mTourism, S.14

Diese Studie soll aufzeigen, welche verschiedenen Arten und Möglichkeiten von mobilen Reiseführern mittlerweile auf dem Markt zur Verfügung stehen und vor allem auch, worin die Stärken und Schwächen dieser Applikationen hinsichtlich der Usability bestehen. Darüber hinaus werden einige dieser mobilen Reiseführer an dem Beispiel einer ausgewählten Destination genauer vorgestellt und bewertet.

Ziel dieser Untersuchung ist es, die vielfältigen Anwendungsmöglichkeiten eines mobilen Endgerätes für den Tourismus zu erklären und die Wichtigkeit und stetig wachsende Nachfrage der Endkunden darzustellen. Außerdem soll eine kritische Betrachtung dieser Dienste mögliche Verbesserungsvorschläge aufzeigen und dabei die Frage klären, ob und inwiefern mobile Reiseführer in Zukunft die traditionellen Reiseführer ergänzen bzw. ersetzen werden.

Zuerst werden die theoretischen Hintergründe hinsichtlich der Technologie und des Tourismus erläutert, um den Gebrauch des neuen Modells von Reiseführern verständlich zu machen. Anhand von Best Practice Beispielen für mobile Reiseführer wird deutlich, welche Möglichkeiten für Touristen mit einem Smartphone bestehen und welche Voraussetzungen für den Gebrauch von Reise Apps benötigt werden. Im letzten Teil dieser Studie folgt die Auslegung und persönliche Einschätzung für das Potenzial und die Chancen dieser Hilfsmittel auf Reisen.

2. Der Reiseführer

Der Begriff *Reiseführer* wird mehrdeutig verwendet. Denn so wird einerseits die „Person, die Reisenden den Zielort zeigt"[7] und andererseits das [8]„Buch, das Reisenden alles Notwendige über Unterkünfte, Verkehrsmittel, kulturelle Einrichtungen o. ä. vermittelt" genannt. Im Laufe der Zeit und durch die Erfindung neuer Technologien, wird der Reiseführer des Weiteren als "Tonträger, auf dem für Reisende und Kunstinteressierte relevante Informationen in gesprochener Form zusammengefasst sind"[9] definiert. Als innovativster Reiseführer ist der mobile Reiseführer, der als Applikation auf das Mobiltelefon geladen wird, bekannt.

2.1 Definition Reiseführer (Reiseleiter/Fremdenführer)

In der Antike waren es ausschließlich Männer, die die Tätigkeit als Reiseführer ausübten. Diese hatten damals einen vorwiegend schlechten Ruf und wurden sogar als „Herumführer" bezeichnet.[10] Dennoch konnte auf den Reiseführer zu dieser Zeit nicht verzichtet werden, da in zahlreichen Städten, wie beispielsweise auch im antiken Rom, weder Straßennamen noch Straßenkarten gebräuchlich waren. Die selbstständige Orientierung eines Gastes in einer Stadt war damals nicht möglich. Demzufolge war der unausgebildete „Herumführer" für die Reisenden in erster Linie ein Mittel zum Zweck.[11]

Nach der Definition des CEN (Europäisches Komitee für Normung) versteht man unter dem Begriff "Reiseleiter" laut Europäischer Norm EN13809 über Tourismus-Dienstleistungen, Reisebüros und Reiseveranstalter Terminologie eine Person, die

---

[7] Vgl.: Wortbedeutung.info: http://www.wortbedeutung.info/Reisef%C3%BChrer/ [23.02.2012]

[8] Vgl.: Duden online: http://www.duden.de/rechtschreibung/Reisefuehrer [23.02.2012]

[9] Vgl.: Wikipedia: http://de.wikipedia.org/wiki/Reisef%C3%BChrer [23.02.2012]

[10] Vgl.: Diplomarbeit Ress, B. (2008): Innovative Gästeführungen im Städtetourismusunter besonderer Betrachtung der elektronischen Stadtführungen, S. 8

[11] Vgl.: Weier, M.: 2003, S. 14 f.

im Auftrag des Reiseveranstalters den Reiseablauf leitet und beaufsichtigt und dabei sicherstellt, dass das Programm gemäß dem Vertrag zwischen Reiseveranstalter und reisenden Kunden durchgeführt wird und die örtliche praktische Informationen gibt.[12] Meistens handelt es sich hierbei um einen Angestellten des Reiserveranstalters oder der *Incoming* Agentur, also eine selbstständige Agentur mit Sitz im Zielland[13]. Meistens wird der Beruf des Reiseführers mit dem des Reisebegleiters gleichgestellt. Der Reisebegleiter ist als Repräsentant eines Reiseveranstalters zur allgemeinen Betreuung von Reisenden zu verstehen. Außerdem wird der Reise-/Fremdenführer geschult, damit er die Reisenden bei den geplanten Reisetouren in der Destination ausreichend mit Informationen über die einheimische Kultur, Geschichte, Geografie und Sprache aufklären kann.[14]

2.2 Definition Reiseführer (Buchformat)

Zu Beginn des 19. Jahrhunderts wurde das Reisen durch die Entwicklung der Massenverkehrsmittel Eisenbahn und Dampfschiff einer immer breiter werdenden, allerdings begüterten Schicht möglich, die nicht mehr nur zu Bildungs-, sondern auch zu Vergnügungszwecken aufbrach.[15] Dazu brauchte man Informationen über Reisegebiete, Verkehrswege, Übernachtungsmöglichkeiten usw. Karl Baedeker (1801 - 1859), Sohn einer alteingesessenen Buchdrucker- und Verlegerfamilie und selbst ein begeisterter Reisender, war einer der ersten, der den neuen Markt für Reiseführer entdeckte und als Autor und Verleger für Reisehandbücher über die

---

[12] Vgl.: Welt online:
http://www.welt.de/reise/article2096831/Das_unaufhaltsame_Sterben_der_Reisefuehrer.html [23.02.2012]

[13] Vgl.: Wirtschaftslexikon Gabler: http://wirtschaftslexikon.gabler.de/Definition/incoming-agentur.html [23.02.2012]

[14] Vgl.: Duden: http://www.duden.de/rechtschreibung/Fremdenfuehrer [23.02.2012]

[15] Vgl.: Die Baedeker – Verlagsgeschichte,
http://www.baedeker.com/de/pdf/verlagsgeschichte_baedeker_de.pdf [23.02.2012]

Grenzen Deutschlands hinaus erfolgreich tätig wurde.[16] Sein Geschäftsmodell basierte auf einem Buch, das detaillierte Informationen über eine gewisse Destination beinhaltet. In dieser Printpublikation erhalten Touristen also wichtige Tipps und Sehenswertes über ein künstliches oder natürliches Reiseziel, das von Reisenden besucht wird und touristische Einrichtungen für Beherbergung, Verpflegung und Unterhaltung bereitstellt.[17] Als der erste Baedeker 1835 in Deutschland erschien, bekamen die Fremdenführer erstmals Konkurrenz. Mithilfe seines Reiseführers wollte es Baedeker den Reisenden ermöglichen, auf eigene Faust und ohne die Hilfe von teuren „Fremdenführern" zu verreisen.[18]

2.3 Definition Reiseführer (Audioguide)

Eine andere Form des Reiseführers wurde im 21. Jahrhundert mit der Verbreitung der Audiotechnologie im touristischen Markt etabliert: der Audioguide. Audioguide ist ein Kunstwort aus „Audio" (lateinisch: „ich höre") und „Guide" (englisch: „Führer", im Sinne von Museumsführer). Audioguides sind Tonaufnahmen, die auf entsprechenden Geräten oder Mobiltelefonen abgespielt werden können und ursprünglich als elektronische Museumsführer entwickelt wurden. Mittlerweile sind sie aber auch als Stadtführer beliebt.[19] Mit Hilfe neuer Technologien und verschiedensten Audiogeräten, wie MP3-Playern, wurden so genannte Audioguides neben der Unterhaltungstechnologie auch für den Tourismus eingesetzt.[20] Diese Geräte sind in der Lage, eine Audiodatei aufzunehmen oder zu speichern und diese für Reisende abzuspielen.

---

[16] Vgl.: Bock, Benedikt: Baedeker & Cook – Tourismus am Mittelrhein 1756 bis ca. 1914, Peter Lang Verlag

[17] Vgl.: Bieger, Thomas: Management von Destinationen; S.55

[18] Vgl.: Weier, Michael (2003), S. 16

[19] Vgl.: Duden: http://www.duden.de/rechtschreibung/Audioguide [07.03.2012]

[20] Vgl.: Kostenlose Audioguides revolutionieren Tourismus: http://www.iaudioguide.com/pressrelease_de.pdf [07.03.2012]

Die Audioguides werden in verschiedenen Ausführungen hergestellt. Zum einen können diese Geräte genutzt werden, um die Erklärungen des Fremdenführers über die Sehenswürdigkeiten per Mikrofon auf den Audioguide des Touristen zu übertragen. Zum anderen gibt es Audioguides, auf denen vorab eine Datei mit der Erklärung der touristischen Attraktionen gespeichert wurde und diese per Knopfdruck von den Reisenden abgespielt werden kann. Bei der letzteren Variante ist kein Reiseleiter nötig.

2.4 Definition mobiler Reiseführer (ReiseApp)

Wie in den letzten beiden Unterkapiteln erklärt wurde, existieren zahlreiche sprachliche Verwendungsmöglichkeiten des Begriffes *Reiseführer*. In diesem Buch werden jedoch die Anwendungsmöglichkeiten der technologisch neuesten Form des Reiseführers erläutert und die Zukunftsperspektiven der Reiseführer für Mobiltelefone, sogenannte ReiseApps oder mobile Reiseführer analysiert. Wie präsent diese neue Form des Tourismus ist, wird anhand Eingabe des Suchbegriffes „mobile Reiseführer" in die allgemeine Suchmaschine *Google* deutlich. Es erscheinen ungefähr 1.440.000 Ergebnisse in 0,21 Sekunden. Jedoch lassen sich keine festgelegten Definitionen dieses Begriffes finden. Deshalb handelt es sich in dem folgenden Absatz an eine Annäherung der Begriffsbestimmung des mobilen Reiseführers.

Alle bereits dargelegten Ausführungen von Reiseführern, egal ob in Print, - Audio, - oder menschlicher Form, haben die Eigenschaft gemein, dass sie primär der Bereitstellung von Reiseinformationen über ein bestimmtes Zielgebiet dienen. Die Neugier und der Wissensdurst des Menschen verleiten ihn schon seit einigen Jahrhunderten dazu, in fremde Länder und andere Kulturen zu reisen. Die Informationen dazu gab es beim Aufkommen des Reisens ab dem 18. Jhd. noch sehr spärlich, da die Reisenden meistens weder schreiben noch lesen konnten, oder die Schreibutensilien zu teuer waren. Die ersten Reisenden begannen dennoch, ihre

Abenteuer in Büchern und Zeitungsartikeln zu veröffentlichen und somit Interessierten und Reiselustigen zugänglich zu machen.[21] Lange Zeit konnte sich der Reisende, wie im oberen Abschnitt erläutert, in gedruckten Reiseführern über Ziele und die dortigen Aktivitätsmöglichkeiten informieren. In der Gegenwart ist es immer mehr die Aufgabe des mobilen Reiseführers, diese Auskünfte bereit zu stellen. Diese werden, anders als die klassischen Reiseführer, in digitaler und elektronischer Form einer Applikation auf dem Mobiltelefon abgebildet. Diese Applikationen stellen eine Anwendungssoftware auf Mobiltelefonen, die den Nutzern für die Lösung eines bestimmten Anwendungsproblems dient, dar. In diesem Fall dient eine Reise Applikation (kurz ReiseApp) dem Reisenden zur Bereitstellung von relevanten Informationen über sein Reiseziel. Die Informationen sind branchenabhängig und bestehen in diesem touristischen Kontext meistens aus Beschreibungen von Hotels, Sehenswürdigkeiten, Ausflügen, Restaurants, Verkehrsmittel oder ähnlichem. Mit dem mobilem Endgerät hat der Reisende jedoch außerdem die Möglichkeit, Informationen sogar in Audio- oder Video-Format zu erhalten.

Wie bereits erläutert befindet sich die heutige Informations- und Wissensgesellschaft jederzeit auf dem neuen Stand in Sachen Wirtschaft, Politik, Kultur und auch Tourismus. Mit Hilfe der ReiseApps, die sich jeder Benutzer eines Smartphones auf sein Mobiltelefon runterladen kann, befinden sich die Reisenden in der nächsten Stufe des Tourismus: Reisen 2.0.[22] Diese Applikationen ersetzen den traditionellen Printreiseführer, den Reiseleiter oder den Audioguide, da sie all diese Dienste in einem Gerät zusammenfassen, welches in der heutigen Zeit fast jeder überall mit

---

[21] Vgl.: Bachelorarbeit Hämmerli, S.: Personalisierte Videodienste in mobilen Communities (2009), S. 1

[22] Vgl.: Skript Berchtenbreiter, R. (2011): eTourism

dabei hat.[23] Mit der Hilfe von mobilen Reiseführern auf iPhone, Blackberry oder Samsung Galaxy ist der zukünftige Tourist nach einem Download bereit, alle Informationen über seinen Urlaubsort auf seinem Handy zu speichern, abzurufen und zu duplizieren.

2.5   Beispiele für verschiedene Reiseführer

Im Laufe der Zeit und mit der Erfindung neuer Techniken und Technologien hat der Reiseführer einen enormen Wandel erfahren. Damit die Unterscheidung der verschiedenen erläuterten Konzepte der Begrifflichkeiten veranschaulicht wird, sind in folgender Abbildung einige Beispiele für jede Art von Reiseführer aufgezeigt.

Wie erwähnt, gibt es auf der einen Seite die gedruckten Printreiseführer, wie der ADAC Reiseführer, Marco Polo Reiseführer oder der englischsprachige Lonely Planet Reiseführer. Auf der anderen Seite existieren für viele Reiseveranstalter, wie beispielsweise TUI oder Alltours, so genannte Reisebegleiter, die auf geführten Touren den Touristen über das Zielgebiet informieren und die Reise planen, begleiten und beaufsichtigen. Der Audioguide steht in verschiedenen Formen zur Verfügung. Er kann als Navigationsgerät, auf dem Mobiltelefon oder als eigenes Gerät die installierten Reiseinformationen widergeben. Außerdem kann eine Smartphone mit Hilfe einer App als Reiseführer fungieren. In den weiteren Abschnitten der Studie werden verschiedene Beispiele von mobilen Reiseführern, wie z.B. die mTrip Applikation, erklärt und beschrieben.

---

[23] Vgl.: Focus online: http://www.focus.de/fotos/fuer-viele-ist-das-handy-mittlerweile-ein-staendiger-begleiter_mid_983057.html [11.03.2012]

Abbildung 1: Beispiele für verschiedene Arten von Reiseführern
Quelle: Eigene Darstellung

3. mTourismus

3.1 Definition mTourismus

Der Begriff mTourismus oder mTourism leitet sich aus der englischen Wortkombination „mobile & tourism" ab und beschreibt die Unterstützung und Versorgung des Touristen in allen Phasen einer Reise unter der Verwendung drahtloser Informations- und Kommunikationstechnologien und mobiler Endgeräte.[24] Dieses mobile Endgerät ist meistens ein Mobiltelefon, welches umgangssprachlich als Handy bezeichnet wird. Das Mobiltelefon ist ein ortsungebundenes, akkubetriebenes Funktelefon, welches zur Sprach- und Datenkommunikation ein entsprechendes Mobilfunknetz nutzt.[25] Das Handy hat sich in den vergangenen Jahren zum erfolgreichsten Gerät aller Zeiten entwickelt und verbreitet sich auch weiterhin weltweit rasch.[26] Denn im Jahr 2012 gibt es in etwa 700 Milliarden Handy-Besitzer weltweit.[27] Das Mobiltelefon ist heute das dominierende Gerät im Bereich der Kommunikation. Aufgrund der Leistungsstärke der modernen Handys lassen sich diese mittlerweile auch zum Buchen von Flügen und Hotels, zum Einchecken per mobilem Flugticket (mTicketing) oder eben auch als elektronischer, multimedialer Reiseführer einsetzen.[28]

Der mTourismus wäre ohne die Konvergenz von Internet und Mobilfunk nicht möglich. Immerhin 28 Prozent der deutschen Internetnutzer surften 2011 mit ihren Handys im Web, eine Steigerung auf 65 Prozent, verglichen mit dem Vorjahr.

---

[24] Vgl.: Jade Hochschule E-Click-Center: mTourismus http://www.e-clic-whv.de/content/mtourismus [11.03.2012]

[25] Vgl.: MEYERS LEXIKON ONLINE, http://www.lexikon.meyers.de [11.03.2012]

[26] Vgl.: News & Trends: http://www.news-und-trends.de/handy.php [07.02.2012]

[27] Vgl.: WELT Online, http://www.welt.de/print-welt/article427300/Zahl_der_Handy_Besitzer_steigt_auf_700_Millionen.html [11.03.2012]

[28] Vgl.: Skript Berchtenbreiter, R. (2011): eTourism, S. 162

58 Prozent gehen täglich, oft mehrmals, mobil online – ein Plus von 15 Prozentpunkten.[29]

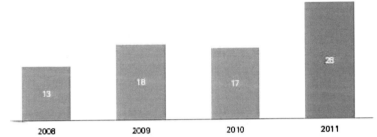

Abbildung 2: Mobile Internetnutzung 2011

Quelle: accenture. Mobile Web Watch 2011 Deutschland, Österreich, Schweiz; Die Chancen der mobilen Evolution

Die heutige Gesellschaft arbeitet ständig, auch im Alltag mit Informationen und verarbeitet diese auch mobil. Dies geschieht zum Beispiel durch das Überprüfen der Emails oder einer Erinnerung an einen Termin durch ein Smartphone. Dies haben die führenden Mobiltechnologiehersteller in den letzten Jahren zu ihren Gunsten genutzt und stellten spezielle Mobiltelefone, sogenannte Smartphones her und programmierten Applikationen für deren Gebrauch.

---

[29] Vgl.: accenture. Mobile Web Watch 2011 Deutschland, Österreich, Schweiz; Die Chancen der mobilen Evolution, S. 12

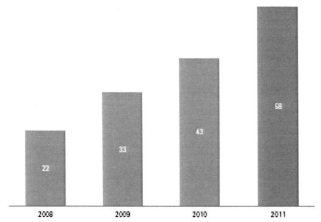

Abbildung 3: Tägliche Nutzung des mobilen Internets

Quelle: accenture. Mobile Web Watch 2011 Deutschland, Österreich, Schweiz; Die Chancen der mobilen Evolution

Smartphones sind Mobiltelefone, die neben Diensten wie der Telefonie und dem Short Message Service (SMS), noch einen anderen Funktionsumfang beinhalten, wie die Abbildung 4 veranschaulicht. Sie stellen durch den Zugang zu Electronic Mail (E-Mail), World Wide Web (www), die Navigation mit enthaltenem Global Position System (GPS), die Aufnahme und Wiedergabe audiovisueller Dateien und vor allem, die individuell wählbare Installation von Applikationen, eine fortschrittliche Innovation dar. Das iPhone[30] der Firma Apple beispielsweise ist ein solches Smartphone. Es beinhaltet ein komplexeres Betriebssystem, in diesem Fall iOS, als herkömmliche Mobiltelefone.[31]

---

[30] Vgl.: Apple: http://www.apple.com/de/iphone/ [09.03.2012]

[31] Vgl.: Apple: http://www.apple.com/de/iphone/ios/ [09.03.2012]

Mit Hilfe des Internets und der Erfindung von Smartphones wurde die unbegrenzte Mobilität durch persönliche Erreichbarkeit und Ortsunabhängigkeit erlangt. Somit ist der Tourismus hervorragend für den Einsatz mobiler Endgeräte geeignet, weil er nicht nur die Informationssensitivität, sondern auch die Ortsungebundenheit erzwingt. Sowohl die positive Entwicklung der Technologie des Mobilfunkmarktes als auch die Individualität der Tourismusbranche gehen miteinander einher, sodass das Handy in allen Phasen der touristischen Wertschöpfung verwendet werden kann, da die Auskünfte individuell auf den User zugeschnitten werden, wie folgende angebotene mobile Dienste für Smartphones in diesem Buch zeigen werden.

Abbildung 4: Konvergenz mobiler Dienste & Services

Quelle: Prof. Dr. Roman Egger in Anlehnung an Goldhammer et al. 2008: Informationsmanagement im Tourismus, S. 471

3.2 Charakteristika des mTourismus

Der mobile Tourismus per Handy beinhaltet einige Vorteile gegenüber dem electronic Tourismus per Computer, wie in der nächsten Tabelle anhand touristischer Beispiele demonstriert wird. Die Vorteile des eTourism werden beim mTourism durch die Ortsunabhängigkeit, Lokalisierungsmöglichkeit und ständige Erreichbarkeit erweitert.

Tabelle 1: Unterschiede zwischen eTourism und mTourism mit touristischen Beispielen
Quelle: Eigene Darstellung

	eTourism	mTourism
Digitalisierung / Automatisierung	Online Buchung eines Fluges auf www.lufthansa.com	Mobile Buchung eines Fluges in der Lufthansa App. Abbildung 5: Lufthansa App Quelle: http://www.m-commerce-blog.de/wp-content/uploads/2009/12/Lufthansa_iPhone_App
Zeitflexibilität	Buchung eines Hotels am Sonntag um 00:50 Uhr auf www.hrs.de	Buchung eines Hotels am Sonntag um 00:50 Uhr in der HRS App. Abbildung 6: HRS App Quelle: www.iphone.hrs.de/
Personalisierung	Buchung und personalisierte, individuelle Zusammenstellung einer Bausteinreise auf www.expedia.de	Buchung und personalisierte, individuelle Zusammenstellung einer Bausteinreise in der Expedia App. Abbildung 7: Expedia App Quelle: http://www.traveltainment.de/pressemeldung
Interaktivität	Dialogmarketing auf der Fanpage von FTI auf www.facebook.com/#!/FTI.de	Dialogmarketing auf der Fanpage von FTI in der Facebook App.

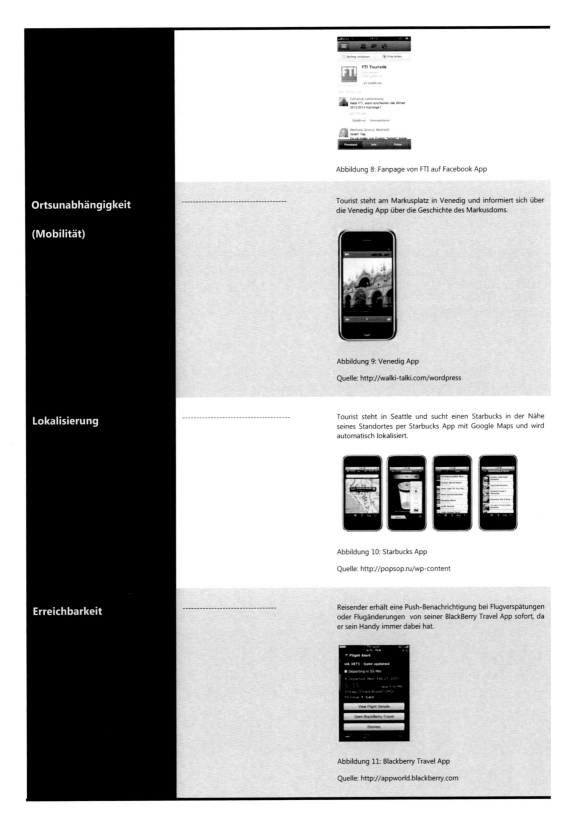

Abbildung 8: Fanpage von FTI auf Facebook App

Ortsunabhängigkeit

(Mobilität)

Tourist steht am Markusplatz in Venedig und informiert sich über die Venedig App über die Geschichte des Markusdoms.

Abbildung 9: Venedig App

Quelle: http://walki-talki.com/wordpress

Lokalisierung

Tourist steht in Seattle und sucht einen Starbucks in der Nähe seines Standortes per Starbucks App mit Google Maps und wird automatisch lokalisiert.

Abbildung 10: Starbucks App

Quelle: http://popsop.ru/wp-content

Erreichbarkeit

Reisender erhält eine Push-Benachrichtigung bei Flugverspätungen oder Flugänderungen von seiner BlackBerry Travel App sofort, da er sein Handy immer dabei hat.

Abbildung 11: Blackberry Travel App

Quelle: http://appworld.blackberry.com

3.3 Mobile Dienste im Tourismus

Reisende durch die neue Technologie zu unterstützen ist schon seit längerem ein Thema in der Branche. Die ersten Audioführer in Museen oder in einigen Städten an den geläufigsten Sehenswürdigkeiten erlauben es beispielsweise dem Besucher, eine Nummer, die sie an den entsprechenden Monumenten finden, in sein Mobiltelefon einzugeben und anschließend die zugehörige Informationen aus dem Gerät vorgelesen zu bekommen[32] oder per Textnachricht zu erhalten[33]. Die Weiterentwicklung dieses Gerätes und der Technik führt zur Entwicklung von mobilen Reiseführern, denn die gewünschten Reiseinformationen werden dem Touristen kontextbasierend zur Verfügung gestellt.

Die Berücksichtigung des aktuellen Kontextes eines Nutzers gehört zu den wichtigsten Eigenschaften mobiler Anwendungen. „ Context is any information that can be used to characterize the situation of a [...] person, place, or object [...]" (Dey/Abowd 1999, S.3). Neben dem mobilen Internetzugang und den bereits erwähnten touristischen Diensten, wie beispielsweise dem Erwerb von Reisetickets, gelten heutzutage Location Based Services (LBS) als vielversprechende Dienste vor allem in Verbindung mit mobilen Reiseführern.

Der am weitesten verbreitete Kontext ist im Moment der ortsbezogene Kontext. Der Reisende erhält die passenden Informationen zu den Sehenswürdigkeiten, Gebäuden oder Vergnügungsmöglichkeiten in seiner Umgebung. Lokalisierungsmöglichkeiten, durch Ortung des eingeschalteten Handys, ermöglichen Anwendungen mit kanalspezifischen Alleinstellungsmerkmal/*Unique Selling Proposition* (USP)[34], sogenannte Location Based Services (LBS). Diese Spezialvariante des mBusiness bietet dem Nutzer also ortsbezogene Informationen und Services,

---

[32] Vgl. 2.3 Definition Reiseführer (Audioguide)

[33] Vgl.: Fluginformationen per SMS. http://www.flyamo.de/ [07.04.3012]

[34] Vgl.: Entrepreneur: http://www.entrepreneur.com/encyclopedia/term/82480.html [07.04.2012]

wobei die angebotene Information von der aktuellen geografischen Situation des Endgerätes abhängig ist.[35]

Das iPhone enthält beispielsweise eine vorinstallierte Landkarte von Google, Google Maps, die das Smartphone per GPS sofort beim Aufrufen des Programmes lokalisiert. Des Weiteren kann ein beliebiger Suchbegriff, wie ein Restaurant oder im Falle der Abbildung 12, der Namen eines Fitnessstudios eingegeben werden, und die Applikation zeigt dem Benutzer des Mobiltelefons alle in der Nähe gelegenen Standorte des gesuchten Fitnessstudios. Per Klick auf den in der Karte angezeigten Zielort wird zudem die Anfahrtsroute berechnet. Auf die gleiche Weise funktionieren die ReiseApps oder mobile Reiseführer.

Abbildung 12: Lokalisierung von Saskias iPhone durch Google Maps und Suche nach Fit Star Fitnessstudio in der Nähe
Quelle: Eigene Darstellung

Das heißt, der Reisende öffnet die Reise Applikation, wie zum Beispiel die Tourias ReiseApp, die auf dem Handy geladen und installiert wurde und in den meisten

---

[35] Vgl. Schulz, Axel: Informationsmanagement im Tourismus (2010), S. 478

Fällen eine Stadtkarte enthält. Dann hat er die Möglichkeit, sich die Stadtkarte anzeigen zu lassen und mittels GPS wird die aktuelle Position des Nutzers durch Satelliten festgestellt und die Standorte von Restaurants, Unterkünften, Freizeitaktivitäten oder Sehenswürdigkeiten etc. können mobil abgerufen werden. Außerdem werden zu den ausgewählten Orten kundenorientierte Inhalte, wie eine geschichtliche Beschreibung, Öffnungszeiten, Anfahrtsmöglichkeiten und sonstige nützliche Informationen eingespielt.

Abbildung 13: Google Maps Einbindung auf der Tourias App von München
Quelle: Eigene Darstellung

Auch die Einbindung des Web 2.0, in dem es um die aktive, aber freiwillige Integration der Internetnutzer in die Internetanwendungen- und Plattformen geht[36], wird bei mobilen Reiseführern, wie Qype möglich gemacht. In dieser App werden neben touristischen Inhalten auch selbsterstellte Bewertungen und Kommentare von Usern, die bereits die touristische Einrichtung, das Hotel oder das Monument besucht haben, veröffentlicht. Somit kann der Reisende mit Hilfe der Erfahrungs-

---

[36] Vgl.: Lehrer-Online: http://www.lehrer-online.de/web20.php [07.02.2012]

berichte des neuen Mediums *Social Network* seine Urlaubsziele planen und auswählen.

Abbildung 14: Hotelbeschreibung in der Qype App
Quelle: Eigene Darstellung

4. Mobile Reiseführer

4.1 Applikationen als Reiseführer für Smartphones

Das Wort App ist die Abkürzung für das englische Wort "Application", das im Deutschen „Anwendung" bedeutet. Wie der sehr allgemeine Begriff vermuten lässt, kann sich dahinter eine Vielzahl verschiedener Software verbergen.[37]

Einerseits gibt es Apps für Smartphones, um die es in dieser Untersuchung geht, aber andererseits existieren auch desweiteren Web-Apps zum Installieren auf dem PC, zur eigenständigen Nutzung im Internet und als Anwendung zur Funktionserweiterung bestehender Internet-Services.

Aufgrund des großen Erfolgs der iPhones der Firma Apple im Jahre 2007 werden mit dem Begriff zunehmend die Anwendungen bezeichnet, die man als Zusatzsoftware auf Smartphones installieren kann, um damit den Funktionsumfang zu erweitern. Von dieser Form der Applikationen stehen bereits 500.000[38] verschiedene im App Store zum Download bereit für jede erdenkliche Anforderung und demzufolge auch für den Tourismus.

Abbildung 15: 25 Billionen Downloads von Apps
Quelle: http://www.apple.com/itunes

---

[37] Vgl.: Lexikon des Bundesministeriums für Ernährung, Landwirtschaft und Verbraucherschutz: http://www.bmelv-durchblicker.de/lexikon.html [07.04.2012]

[38] Vgl.: Apple, http://www.apple.com/iphone/from-the-app-store [12.03.2012]

Der Begriff App wird jedoch ebenso für installierbare Anwendungen auf allen anderen Smartphones verwendet.

Für das iOS-Betriebssystem der Firma Apple gibt es bereits 30.000 Reiseanwendungen für die Planung, Durchführung und Nachbereitung der Reise.[39] Somit beeinflussen immer mehr mobile Applikationen die Reisephasen, die touristische Nachfrager im Zuge ihres Reiseprozesses durchlaufen. Dabei sind Apps für Hotelsuche, Restaurantsuche, Land/Stadtkarten, Informationen zu Sehenswürdigkeiten, Event/Veranstaltungskalender, etc. von großer Bedeutung. Die Zusammenfassung dieser und weiterer touristischer Funktionen in einer Applikationen für Smartphones bezeichnet man nun als mobilen Reiseführer.

Der Smartphone-Markt wächst kontinuierlich.[40] Eine Vielzahl von Apps aus dem Bereich Urlaub und oder Tourismus stoßen auf großes Interesse, doch die Nutzung beschränkt sich derzeit noch überwiegend auf Personen unter 40 Jahren und die sogenannten Early Adopters, wie Untersuchungen im nächsten Punkt zeigen werden[41]

Für die Vermarktung eines Produktes muss zunächst die Frage gestellt werden, für wen das Produkt, in diesem Fall ein mobiler Reiseführer, geeignet ist. Man definiert die Zielgruppe und ihre Beurteilungskriterien. Außerdem macht sich ein jeder Produktmanager Gedanken über die Markstruktur und den Wettbewerb und welche ähnlichen Produkte an Reise Apps schon auf dem Markt angeboten und nachgefragt werden. Dies wird in den nächsten Absätzen des Buches erläutert werden.

---

[39] Vgl.: Informationsmanagement im Tourismus, http://www.tourismus-it.de/?Tourismus-Apps [13.03.2012]

[40] Vgl.: Focus Online: http://www.focus.de/digital/handy/smartphone-markt-nokia-und-microsoft-greifen-mit-dem-lumia-800-an_aid_684216.html [07.04.2012]

[41] Vgl.: UMA Mobile Tourism 2011: Unister Market Research & Analysis; Jade Hochschule

4.2 Idealnutzer von mobilen Reiseführern

Gemäß der Studie „YOC Mobile Indikator 1/2010" nutzen insgesamt 88% der Studienteilnehmer mehrmals täglich bzw. täglich das mobile Internet und haben bereits einmal eine Applikation auf ihrem Smartphone installiert. Außerdem geben 74% der Befragten an, dass das Mobiltelefon nicht mehr aus der Freizeitgestaltung wegzudenken ist.[42]

Es wird angenommen, dass ein mobiler Reiseführer primär von einem Reisenden genutzt wird. So wird also von einem zeitweiligen Besucher eines Landes, der sich für mindestens 24 Stunden außerhalb seines Wohnortes aufhält als Leistungsempfänger ausgegangen.[43] Des Weiteren kann der Travel App User in Geschäftsreisenden oder Urlaubsreisenden unterteilt werden. Da in der Literatur meistens als Reisemotiv eines Touristen die Freizeit, Erholung, Ferien oder der Urlaub genannt werden, geht man von einem Urlaubsreisenden als Tourist im engeren Sinn aus.[44] Folglich besteht die Zielgruppe mobiler Reiseführer aus Urlaubsreisenden, die aus Vergnügen und Interesse Ihren Aufenthalt an einem fremden Ort verbringen.

Ferner wird angenommen, dass der User eines mobilen Reiseführers der Besitzer eines Smartphones, zum Beispiel eines iPhones, ist. Weltweit gibt es über vier Milliarden Mobiltelefone (Bitkom, 2010). Laut der „Go Smart Studie" nutzen 11 Prozent der Deutschen ein Smartphone, das entspricht rund 9 Millionen deutschen Smartphone-Besitzern und 23 Prozent, also fast 2 Millionen von ihnen, befinden sich mit dem Gerät täglich mobil im Internet.[45] Da die Technologie immer fortschrittlicher wird, rechnet die Studie mit mindestens mit einer Verdopp-

---

[42] Vgl.: YOC AG: YYOC Mobile Indikator 1/2010
http://group.yoc.com/articles/01208/YOC_Mobile_Indikator_2010.pdf [13.03.2012]

[43] Vgl.: Jörn W. Mundt (2006): Tourismus, S.4

[44] Vgl.: Freyer (2006): Tourismus. Einführung in die Fremdenverkehrsökonomie, S.7

[45] Vgl.: Studie zur Smartphone-Nutzung 2012, *Otto Group, Google, TNS Infratest, Trendbüro*

lung der Smartphone-Besitzer innerhalb der nächsten zwei Jahre. Damit zeigt sich, dass mobiles Internet und Smartphones längst kein Nischenphänomen mehr sind.

Doch wer sind diese Nutzer und was für Eigenschaften müssen sie mitbringen, um Smartphones bzw. deren Applikationen nutzen zu können? All diese Fragen werden in der folgenden Beschreibung des imaginären Idealnutzers von mobilen Reiseführern beantwortet.

Der erste Schritt bei der Vorstellung eines Prototyps für ReiseApp-Benutzer ist die soziodemographische Zuordnung der Person. Die Untersuchung von Merkmalen, wie zum Beispiel dem Alter oder der Einkommensstruktur der Person ist maßgebend für die Definition des Smartphone-Users und somit des ReiseApp-Benutzers.

Laut der Marktstudie von NielsenMobile, dem weltweit größten Marktforschungsunternehmen im Bereich des Mobilfunks, sind iPhone-Nutzer zu 73 Prozent männlich und jünger als 35 Jahre, fast die Hälfte ist ledig und war nie verheiratet.

Der Prototyp von Personen, die ein Smartphone besitzen, eine Applikation herunterladen und benutzen wird i. d. R. in einem berufstätigen Alter zwischen ca. 20 und 60 Jahren sein, da er eine gewisse Kaufkraft für den Kauf eines iPhones benötigt. Da diese intelligenten Mobiltelefone ein relativ neues Produkt auf dem weltweiten Technikmarkt sind und mit Hilfe der technologischen Fortschritte immer neue Produktentwicklungen und Produktdiversifikationen entstehen, muss man für den Kauf des neuesten iPhones, iPhone 4S, in etwa 629 Euro aufwenden.[46] Dies setzt einen gewissen Einkommensstandard und diesbezüglich ein hohes Bildungsniveau voraus. Außerdem wird das Smartphone häufig für Geschäftsleute als Geschäftsmobiltelefon verwendet[47], da es nützliche Applikationen, wie etwa die E-Mail und Kalendersynchronisierung, für den betrieblichen Gebrauch beinhaltet.

---

[46] Vgl.: Apple Store Online, www.store.apple.com/de [14.03.2012]
[47] Vgl.: Heise Online: https://www.heise.de/artikel-archiv/ix/2008/1/68 [07.04.2012]

Jedoch schließt wird die soziodemographische Gruppe der Studenten nicht aus dieser Sparte ausgeschlossen, da diese häufiger Nebentätigkeiten nachgehen und immer mehr zu dem einkommenskräftigen Cluster der Bevölkerung dazugehören. Auch der psychologische Hintergrund ist vor allem in dieser Zielgruppe zu beachten, da sich das iPhone als aussagekräftiges Statusprodukt etabliert und die öffentliche Benutzung und Zur-Schau-Stellung der Marke *Apple* verbreitet hat. Außerdem ist der „Student von heute" ein reiselustiger, informations-und medienabhängiger, wissensbegieriger, technisch affiner Mitzwanziger, der sein Smartphone und dessen Applikationen für die alltägliche Problemlösung vor allem an fremden Orten benutzt, sodass er auf Reisen vermutlich einen mobilen Reiseführer verwendet.

Das iPhone wird oft als einfach zu nutzendes Smartphone verkauft.[48] Entgegen aller verkaufsstrategischen Meinungen können Touchscreen, Applikationsdownload- und Installation oder mobile Internetverbindung u. a. einem Laien zum Verhängnis bei der Benutzung werden, denn hinsichtlich der Usability, der Benutzerfreundlichkeit, von technisch-nicht-affinen Nutzern ist das iPhone wie ein kleinerer Computer. Ein Großteil der Bevölkerung im Alter 50 Plus besitzt kein Interesse an mobilen Applikationen oder benutzt aus Gewohnheit eher die Printmedien als Reiseführer. Sogar für jüngere Personen sind der Download aus dem AppStore mit Hinterlegung der Kontodaten und die spätere Installation der Anwendung auf dem iPhone zu aufwändig oder kompliziert. Außerdem ist der Touchscreen eine neue Erfindung und dessen Verwendung kann oftmals irritierend für Best Agers[49] sein, da diese meistens überhaupt kein Mobiltelefon besit-

---

[48] Vgl.: Apple: http://www.apple.com/de/iphone/ [07.04.2012]

[49] Vgl.: Best Agers Project: http://www.best-agers-project.eu/ [07.04.2012]

zen.[50] Auch die kleine Tastatur und der strukturelle Aufbau des iPhones kann für ältere Generationen ein Problem und Überforderung hervorrufen.

Es benutzen mehr Männer als Frauen ein iPhone und zwar 73% der befragten Smartphone Besitzer im November 2010 von Fittkau & Maaß, Marktforschungs- und Beratungsunternehmen der deutschen Online-Branche.[51] Die Begründung dieser Zahl ist subjektiv, jedoch kann dies sich durch die Smartphone-Benutzung zahlreicher Geschäftsmänner oder die Technik- und Innovationsaffinität der Männer erklären lassen.

Diese Tatsachen und Charakteristiken bestätigen die aufgeführte Vermutung, der Nutzer eines Smartphones und dementsprechend auch der Nutzer mobiler Reiseführer-Anwendungen ist ein vorwiegend männlicher Tourist mittleren Alters, zwischen 25 und 35 Jahren, der einen abgeschlossenen Schulabschluss hat und einen einkommensträchtigen Beruf ausübt oder diesen anstrebt. Ferner zeigt er Interesse an technischen Innovationen und technologisch fortgeschrittenen Geräten.

Der Idealnutzer mobiler Reiseführer ist nun definiert, aber die Frage, welche Reise Apps genutzt werden und warum, ist noch ungeklärt. Dazu tragen auch die Antworten der Befragten in der Studie Mobile Tourism 2011 von UMA und der Hochschule Jade in Wilhelmshaven bei.

Da Apple im AppStore[52], eine elektronische Plattform auf der Applikationen verkauft werden, zunächst zwei Arten von Anwendungen anbietet, kostenlose und kostenpflichtige, nutzt ein Großteil der App-User ausschließlich kostenlose Appli-

---

[50] Vgl.: accenture. Mobile Web Watch 2011 Deutschland, Österreich, Schweiz; Die Chancen der mobilen Evolution

[51] Vgl.: Statista GmbH, http://de.statista.com/ [14.3.2012]

[52] Vgl.: pcmag.com: http://www.pcmag.com/encyclopedia_term/0,2542,t=App+Store&i=59366,00.asp [07.04.2012]

kationen. Ein großer Teil der Nutzer und auch der Interessenten möchte die Reise-Apps möglichst kostenlos herunterladen. Immerhin knapp ein Drittel der Befragten ist allerdings bereit, für Navigationshilfen, Reiseführer und Routenplaner zu zahlen.[53] Dabei ist die Zahlungsbereitschaft für Routenplaner und Karten bzw. Navigationshilfen am größten, für Reiseführer, Übersetzungshilfen und Informationen zu Destinationen möchten die Nutzer nur wenig zahlen (Verlag Dieter Niedecken GmbH, 2011). Hierdurch werden kostenpflichtige Reiseführer eher vom Download ausgeschlossen, was für den Hersteller der App ein wichtiges Verkaufskriterium darstellt und eine Prüfung der kostenlosen Bereitstellung erforderlich macht. Die Barrieren für eine App-Nutzung liegen auch der Studie Mobile Tourism oftmals in einem teuren externen Internetanschluss oder im Preis der Anwendung im AppStore, wie auch an der Sicherheit beim mobilen Datentransfer oder in der komplizierten Nutzung der Applikation begründet.

Die App-User nutzten im Jahr 2010 28 Prozent Ihrer Downloads für Reisen, wie in Abbildung 17 zu erkennen ist. Durch die positiven Entwicklungen der Reiseführer auf dem Smartphone und die steigende Zahl der User wird diese Zahl in den nächsten Jahren höchst wahrscheinlich weiter zunehmen.

---

[53] Vgl.: Vgl.: accenture. Mobile Web Watch 2011 Deutschland, Österreich, Schweiz; Die Chancen der mobilen Evolution [07.04.2012]

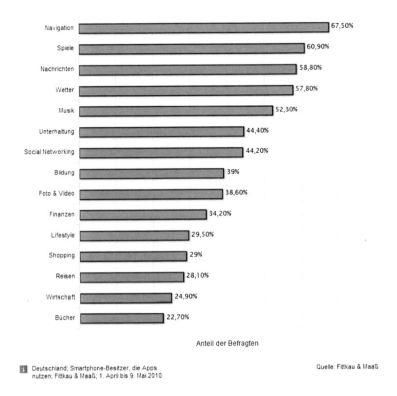

Abbildung 16: Verschiedene Verwendungsmöglichkeiten von Apps
Quelle: Fittkau & Maaß, http://de.statista.com

4.3 Nutzung touristischer Applikationen

Applikationen für Reisen stoßen auf großes Interesse bei Vielreisenden. Da der wesentliche Vorteil von Applikationen im Allgemeinen und von touristischen Applikationen im Speziellen in der Unabhängigkeit vom Aufenthaltsort liegt, können Apps in den eigenen vier Wänden, in der Heimatstadt oder an entfernteren Orten innerhalb oder außerhalb Deutschlands genutzt werden.

Mindestens 40% der Befragten in der UMA Mobile Tourism Studie nutzen touristische Applikationen in öffentlichen Verkehrsmitteln, in Cafés / Raststätten und an Flughäfen wie Bahnhöfen. Die größten Zunahmen mit steigender Reisefrequenz verzeichnen Flughäfen und Bahnhöfe sowie Cafés bzw. Raststätten, also typische Orte für Zwischenstopps und Zwangsaufenthalte bei Reisen. Am stärksten gefragt bei den touristischen Applikationen sind Routenplanung / Navigation, Verkehrsinformationen und Notfallhilfe.[54]

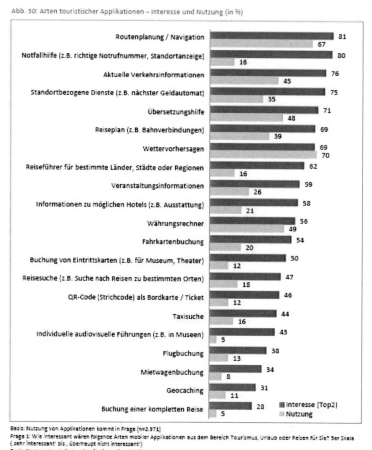

Abbildung 17: Nutzung touristischer Applikationen
Quelle: UMA Mobile Tourism 2011

Touristische Reise Anwendungen von Smartphones ermöglichen den Touristen eine visuelle Darstellung von Reiseinformationen. Diese Informationen können zum einen an verschiedenen Reisezeitpunkten abgerufen werden und zum andern über bestimmte Einzelteile der touristischen Leistungskette erfolgen. „Die Men-

---

[54] Vgl.: UMA Mobile Tourism 2011: Unister Market Research & Analysis; Jade Hochschule

schen nutzen Reiseservices auf ihren Smartphones täglich und für jeden Trip – vor, während und nach der Reise", sagt Anne Rösener, Zentral- und Osteuropa-Chefin von Sabre (Verlag Dieter Niedecken GmbH, 2011).

Das Reisen verläuft typischerweise in einem Zyklus von sechs Phasen. Der Zyklus beginnt mit der Informations- und Entscheidungsphase, die die Auswahl einer Destination sowie eines konkreten Produktes oder Anbieters umfasst.[55] Als typische Informationsquellen kommen Bekannte und Freunde, (Online-)Reisebüros, Kataloge und Internetseiten von Reiseveranstaltern, Hotels oder Fluggesellschaften in Frage. Wenn die Entscheidung gefallen ist, folgt der Buchungsprozess, in dem der Reisende einen Buchungsweg und mögliche Zusatzleistungen (z. B. All Inclusive oder Halbpension) wählt. Nach Abschluss der Buchung und vor Antritt der Reise werden Vorbereitungen getroffen, die von einer genauen Planung von Tagesabläufen, dem Studieren von Reiseführern, bis hin zum Kofferpacken reichen.[56]

In der Beförderungsphase bewegt sich der Reisende entweder durch Verkehrsträger oder individuell mit seinem Auto vom Heimatort zur ausgewählten Destination. Die Destinationsphase entspricht dem eigentlichen Urlaub an der Zieldestination. Nach der Durchführung der Reise schwelgt der Urlauber in Erinnerungen, geht die Reise nochmals in Form von Fotos oder Videos durch. In dieser Phase entscheidet sich, ob ein Kunde rückblickend zufrieden ist. Mit allen Erfahrungen der vergangenen Urlaube, begibt sich ein Urlauber in die Informations- und Entscheidungsphase des nächsten Urlaubs.

In jeder Phase können spezifische touristische Applikationen den Urlauber unterstützen, wie Abbildung 19 mit einigen Beispielen von Anwendungen beweist. Jedoch wird der mobile Reiseführer vorwiegend in der Destinationsphase verwen-

---

[55] Vgl.: Kreimer, M. (2011): mTourismus, S.32
[56] Vgl.: Schulz, A. (2010): Informationsmanagement im Tourismus, S. 440 ff.

det, da er die primäre Aufgabe hat, den Touristen vor Ort mit Reiseinformationen über Sehenswürdigkeiten oder Einrichtungen, wie Hotels und Restaurants in dem gewünschten Reiseziel zu versorgen.

Abbildung 18: Einteilung touristischer Apps in Reisephasen
Quelle: Eigene Darstellung

Viele Applikationen werden nicht nur in einer Reisephase genutzt, sondern gleich in mehreren. Dennoch lassen sich Schwerpunkte identifizieren.

So kommen am Anfang des Reisezyklus, in der Informations- und Entscheidungsphase, vor allem Applikationen zum Einsatz, die Informationen zu bestimmten Hotels bieten und die Reisesuche vereinfachen. Ein bekanntes Beispiel für eine Applikation zur Reisesuche ist die „Entdecken Erleben Genießen" Applikation von Reise-Inspiration.de. In dieser Applikation kann der Nutzer unter anderem Reiseempfehlungen und Länderinformationen ansehen und sich mit Fotos und Videos über die Reise informieren.

In der Buchungsphase kommen vor allem Applikationen zur Buchung von Fahrkarten, Flügen, kompletten Reisen, Eintrittskarten und Mietwagen zum Einsatz. Mit der Fahrkartenbuchung kann der aktuelle Fahrplan abgefragt und eine Fahrkarte gebucht werden. Die Fahrkarte wird entweder über MMS, E-Mail oder einen bestimmten Menüpunkt in der Anwendung angezeigt. Vorreiter in diesem Segment ist die Deutsche Bahn mit ihrer „DB Navigator" Applikation.[57]

In der Vorbereitungsphase nach der Reisebuchung wird vermehrt auf die Applikationen Reiseplan und Reiseführer zurückgegriffen. Beide Applikationen werden auch zur Recherche und vor Ort herangezogen. Es gibt eine Vielzahl von Reiseführer-Anbietern. Neben klassischen Reiseführer-Anbietern wie „Lonely Planet" gibt es auf Apps spezialisierte Anbieter wie „MTrip". Des Weiteren existieren Destinationen, die eine eigene Reiseführer-Applikation anbieten.

Mobile Reiseführer unterscheiden sich stark in Ihrem Leistungsspektrum. Einfache Führer zeigen lediglich touristische Attraktionen mit GPS-Navigation und benötigen für weitere Informationen Zugang zum mobilen Internet. Hierzu werden einige Beispiele in den folgenden Gliederungspunkten der Studie ausführlich und detailliert erklärt.

In der Beförderungsphase wird vor allem auf Apps zurückgegriffen, die aktuelle Verkehrsinformationen liefern. Außerdem kommen Apps zum Einsatz, die zur Routenplanung und als Navigationsgerät eingesetzt werden können. Letztgenannte Applikationen werden auch häufig bei der Reisevorbereitung und am Urlaubsort eingesetzt.

Eine ganze Reihe von Applikationen wird in der Destinationsphase, direkt vor Ort verwendet. Darunter befinden sich unter anderem Applikationen wie Währungsrechner, Übersetzungshilfe, standortbezogene Dienste, Veranstaltungsinformatio-

---

[57] Vgl.: DB Bahn: http://www.bahn.de/p/view/buchung/mobil/mobile-apps.shtml [07.04.2012]

nen, Notfallhilfe, Taxisuche, Geocaching und individuelle audiovisuelle Führungen. Zu dieser Gruppe gehören auch die mobilen Reiseführer, um die es in dieser Untersuchung geht. Er enthält im optimalen Fall alle Applikationen der Destinationsphase kumuliert, bezogen auf ein bestimmtes Zielgebiet.

4.4 Best Practice mobiler Reiseführer

4.4.1 Beurteilungskriterien für die ausgewählten Reiseführer

Für die folgende Bewertung von mobilen Reiseführern wurden bestimmte subjektive Beurteilungskriterien ausgewählt, die im folgenden Absatz beschrieben werden

Um die ReiseApp downloaden und danach auf dem iPhone installieren zu können, muss sie erst einmal in dem vorinstallierten AppStore auf dem Smartphones gefunden werden. Die Einteilung der Anwendungen in diesem virtuellen Geschäft für Applikationen geschieht nach Themen. Bei der Auswahl des Themas *Reisen* erscheinen im virtuellen Store eine Auflistung aller themenverwandter Applikationen und deren Preise sowie die Beschreibung der Programme. Die Benotung der mobilen Reiseführer geschieht nach der Stelle, in dem er im deutschen App Store unter dem Reiter „Meistgeladen" gelistet ist. Dies geschieht mit Hilfe des Rankings des Mobile Travel App Guide 2012[58]. Die optimale Auffindbarkeit der mobilen Reiseführer in dem Verzeichnis ist die Basis für dessen Kauf. Denn ein Reisender ohne touristische Kenntnisse und ohne Präferenzen in der Auswahl des mobilen Reiseführers wird den Reiseführer wählen, der an oberster Stelle im AppStore gelistet ist und nicht nach dem Namen der App.

Dennoch ist auch die Bekanntheit des Reiseführers ein wichtiges Merkmal bei der Wahl der mobilen Reiseführer. Die Kaufentscheidung kann durch ein breites

---

[58] Vgl.: Wagner, Franke. Opitz, Schwartze, Bach: Mobile Travel App Guide, S. 14

Angebotsspektrum des Anbieters erhöht werden, falls die App beispielsweise einer Printedition nachgeht oder diese ersetzt. Ein geläufiger Markenname oder ein bekanntes Logo können dem Touristen Sicherheit vermitteln und ihn zum Kauf des Reiseführers anstoßen. So spielt das Aussehen und die Farbe des Icons der Applikation eine entscheidende Rolle bei der Auswahl an dem breiten Angebotsspektrum von ReiseApps im AppStore. Der Wiedererkennungswert einer Applikation ist sehr wichtig für die Einprägung beim Nutzer. In diesem Zusammenhang ist besonders eine einheitliche Darstellung der verschiedenen Front End Seiten von Bedeutung, was auch als Corporate Design[59] bekannt ist.

Das wahrscheinlich wichtigste Beurteilungskriterium eines mobilen Reiseführers aus Sicht des Kunden ist jedoch dessen Preis. Wie bereits erwähnt, existieren kostenfreie Applikationen, die einfach per Klick auf dem iPhone installiert werden, wohingegen es auch Anwendungen gibt, die eine Gebühr mit sich bringen. Der Durchschnittspreis mobiler Reiseführer liegt zwischen 0,79 Cent und 4,99 Euro.[60] 33 Prozent der befragten Studienteilnehmern der „Mobile Tourism Studie 2011" sind grundsätzlich nicht bereit, für solche Applikationen zu zahlen. 25 Prozent akzeptiert Beträge bis einem Euro, weitere 25 Prozent der Personen würden ein bis drei Euro bezahlen. Mehr als drei Euro werden nur noch von jedem zehnten Befragten als angemessen empfunden.[61] Hiermit hängt auch die Angst der Smartphone-User zusammen, ihre Kontodaten für die Zahlungstransaktion preiszugeben.

Der Aufbau des Hauptmenüs des mobilen Reiseführers ist entscheidend für die einfache Nutzung der App und den späteren Gebrauch durch den Touristen. Falls

---

[59] Vgl.: SDI Research: http://www.sdi-research.at/lexikon/corporate-design.html [07.04.2012]

[60] Vgl.: App Store-Downloads bei iTunes; http://itunes.apple.com/de/genre/ios-reisen [19.3.2012]

[61] Vgl.: UMA Mobile Tourism 2011: Unister Market Research & Analysis; Jade Hochschule, S. 36

die Icons des Reiseführers nicht übersichtlich oder einleuchtend aufgebaut sind, wird der Nutzer die Anwendung sofort wieder aus dem Smartphone entfernen.

Ein weiteres Merkmal für die Auswahl der Best Practice Beispiele ist der existente oder nicht vorhandene Offline Modus des mobilen Reiseführers. Das heißt, die Nutzung des Reiseführers ist ohne sogenannte Roaming-Gebühren im Ausland möglich, da die Reisedaten auf dem Handy gespeichert werden und nicht nochmals vom Server abgerufen werden müssen. Die anfallenden Mobilfunkgebühren, die so genannten Roaming-Gebühren, sind hoch und senken die Motivation der Touristen, mobile Reiseführer zu nutzen. Ein Plan von EU-Kommissarin Neelie Kroes sieht nun vor, dass Reisende, die im EU-Ausland mobile Datendienste nutzen, pro Megabyte maximal 90 Cent zuzüglich der Mehrwertsteuer zahlen. Bis 2014 soll der Höchstpreis auf 50 Cent pro Megabyte fallen. Heute zahlt man dafür im Schnitt 2,60 Euro. [62]Mit Hilfe dieser Gebührensenkung soll der mobile Reiseführermarkt angehoben werden und nicht mehr allzu oft durch Printmedien ersetzt werden. Bis dahin wird das Vorhandensein eines Offline Modus bei den Best Practice Beispielen mit einbezogen.

Des Weiteren ist ein wichtiges Beurteilungsmerkmal die Textlänge des Beschreibungstextes des Zielgebietes in der ReiseApp. Auf Unique Content[63] wird bei den Beschreibungen der Sehenswürdigkeiten, Hotels und Restaurants ein besonderes Augenmerk gerichtet. Emotionalität ist nicht in allen Branchen als wichtiger Punkt zu betrachten. Jedoch ist sie für Internetseiten der Tourismusbranche nicht wegzudenken, da das Produkt „Urlaub" emotional behaftet und bedeutend für den Käufer ist. Sowohl die Einbindung von Bildern und Videos im Text, als auch eine Social Media Verlinkung, beispielsweise mit der persönlichen Facebook- oder

---

[62] Vgl.: ZEIT ONLINE, dpa (2011): http://www.zeit.de/reisen/2011-07/datenroaming-ausland-preise [07.04.2012]

[63] Vgl.: SEO Deutschland: http://www.seo-deutschland.de/definition-von-unique-content.html [07.04.2012]

Twitter-Seite, gehen positiv in die Benotung ein. Zudem sollte eine gute Lesbarkeit der Schrift beachtet werden, insbesondere hinsichtlich der Schriftart, der Größe und der Farbe der Reiseinformationen.

Wie in den oberen Absätzen beschrieben, sind LBS im Tourismus von entscheidender Bedeutung. Deswegen ist nicht nur der Bestand einer Kartenfunktion mit Points of Interests, Interessensorte auf dem Navigationsgerät[64], im Reiseführer von Nutzen, sondern auch die Ortung des Mobiltelefons per GPS und die Auflistung der App von sehenswerten oder touristischen Attraktionen in der Nähe. Abrunden würde diese Funktionen ein Routenplaner mit dem schnellstmöglichen Reiseweg zum gewünschten Ziel. Ein Dienst, der auf LBS basiert, und in dem Best Practice Ranking einbezogen wird ist die Funktion der Augmented Reality (AR). Dies bedeutet wörtlich übersetzt „erweiterte Realität".[65] Bei AR wird die reale Welt in Echtzeit mit „digitalen Informationen" in Form von verschiedenen Ebenen kombiniert.[66] Durch AR werden „Bilder, Videos oder Echtzeitdarstellungen (z.B. Kamerabilder) [...] mit computergenerierten Zusatzinformationen oder virtuellen Objekten mittels Einblendung/Überlagerung angereichert".[67] Während der Bewegungs- bzw. Beschleunigungssensor Aspekte wie den Neigungswinkel oder Hoch- oder Querformat des mobilen Endgerätes erkennt, bestimmt der digitale Kompass die Ausrichtung des Endgerätes nach der Himmelsrichtung.[68]

Es muss angemerkt werden, dass nur kostenfreie mobile Reiseführer bzw. die Lite Version mit eingeschränkter Ansicht und weniger Infomaterial der kostenpflichtigen Reiseführer für dieses Buch getestet wurden. Alle Reiseführer beziehen sich

---

[64] Vgl.: Gabler Wirtschaftslexikon: http://wirtschaftslexikon.gabler.de/Definition/point-of-information.html?referenceKeywordName=POI [07.04.2012]

[65] Vgl.: Golem.de: http://www.golem.de/specials/augmented-reality/ [07.04.2012]

[66] Vgl.: Vgl. Egger (2010), mTourism: mobile Dienste im Tourismus, Kapitel: Location-Based Services im mTourismus – Quo Vadis? von Göll, N.; Lassnig, M.; Rehrl, K., S. 29

[67] Vgl.: Skript eTourism, Prof. Dr. Ralph Berchtenbreiter, Folie 31

[68] Vgl.: Patent.de: http://www.patent-de.com/20080821/DE102007008199A1.html [19.03.2012]

auf die Stadt München. Ausnahme hierbei ist die Applikation Lonely Planet, die als gratis Testversion nur für London zur Verfügung steht.

Folgende Reiseführer für Smartphones haben am besten in der Bewertung abgeschnitten.

4.4.2 Wikitude

Im Oktober 2008 kam der Wikitude World Browser als erster AR-Browser der Welt durch das von Google eingeführte erste Android Endgerät (das G1) auf dem Markt. Das G1 war das erste mobile Endgerät mit der für AR notwendigen Hardware-Ausstattung, bestehend aus Ortungssystem (GPS), Bewegungssensor und digitalem Kompass.[69] Heute kann man den Browser kostenlos auf das iPhone herunterladen, nachdem man es unter der manuellen Suchfunktion oder auf Rang 55 unter den Reise Apps im Apple Store findet.

Wikitude orientiert sich grundsätzlich an der Philosophie seines Namensvetters Wikipedia: Wie dieser vertraut auch Wikitude auf die rege Teilnahme seiner User, die über www.wikitude.me ihren User Generated Content erstellen (UGC) und den anderen Usern kostenfrei zur Verfügung stellen. Neben diesem Ansatz bedient sich das Unternehmen auch aus „offene[n] verfügbaren Geo-Datenbanken"[70], wie zum Beispiel Empfehlungen von Qype oder den ca. 450.000 weltweit verfügbaren Wikipedia-Artikeln mit Längen- und Breitengradangabe, die die Handysoftware laut ihrer Entwickler zu einem „weltweit einsetzbaren Reiseführer" (Breuss-Schneeweis, 2009) macht.[71]

---

[69] Vgl.: Webseite Wikitude; http://www.wikitude.com/tour/wikitude-world-browser [20.03.2012]

[70] Vgl.: Heise Mobil; http://www.heise.de/mobil/artikel/Die-Welt-als-Wiki-838091.html [20.03.2012]

[71] Vgl.: Webseite Wikitude; http://www.wikitude.com/de/wikitude-%E2%80%93-eine-handysoftware-aus-salzburg-erregt-weltweit-aufmerksamkeit-2 [20.03.2012]

Wikitude definiert seinen Wikitude World Browser wie folgt: „Die Anwendung beschreibt dem Anwender, wo immer er sich weltweit befindet, Sehenswürdigkeiten und Informationen in der Umgebung auf einer Karte, Liste oder in einer Augmented Reality Ansicht. Dabei zeigt die Kameraansicht des Handys eine mit Computer-generierten Daten überlagerte Wirklichkeit, eben „Augmented Reality"." (Launch, 2008)

Das Hauptmenü von Wikitude ist einfach aufgebaut und besteht aus 14 als Favoriten deklarierten Menüpunkten bzw. Icons. Neben den Punkten „Alle Worlds" und „in der Nähe" gibt es weitere Menüpunkte für die beliebtesten Themensuchbereiche (Attraktionen, Unterkünfte, Restaurants, Cafés, Pubs, Geldautomaten, Tweets, Events und WLAN Hotspots). Bei all diesen Themenbereichen wird dem Anwender, ausgehend von seinem momentanen Standort, die Anzahl der gefundenen Ergebnisse durch eine kleine Zahl über dem jeweiligen Icon angekündigt. Des Weiteren kann oben im Hauptmenü auch nach einem konkreten Begriff, wie zum Beispiel „Pizza" für Pizzarestaurants, Pizzaservice etc., gesucht werden. Im unteren Drittel erscheinen abwechselnd von Wikitude besonders empfohlene Welten wie Wikipedia, Qype oder Tripwolf (kostenpflichtig) und ein Werbebanner. Unter dem Menüpunkt „Alle Worlds" kann man in Listenform jede der ca. 100 momentan verfügbaren Welten finden und diese nach Beliebtheit, Entfernung oder alphabetisch sortieren.

Abbildung 19: Hauptmenü der Wikitude App
Quelle: Eigene Darstellung

Zu Beginn der Nutzung von Wikitude werden alle verschiedenen lokalen Welten angezeigt, jedoch kann Wikitude dann je nach Präferenzen individualisiert werden, so dass künftig nur die Informationen der gewünschten Provider angezeigt werden. Wählt man nun eine konkrete Welt unter „Alle Worlds" aus oder geht auf den Icon „In der Nähe" bzw. auf einen der Themenbereiche, erscheinen im realen Kamerabild relevante mit Namen und Content-Quelle versehene digitale Blasen, die sich je nach Ausrichtung des Endgerätes verändern. Zusätzlich zeigt ein kleiner Radar im Kamerabild die in der Umgebung des Users vorhandenen Points of Interests als Punkte an. Zwischen der Karten- (Google Maps), Kamera- und Listenanzeige kann beliebig gewechselt werden. Klickt man auf eine der Blasen, erscheint eine Kurzinformation zu dem Content-Provider, dem Namen des Objekts, der Entfernung zum Zielobjekt und eine Kurzbeschreibung. Mit einem erneuten Klick auf die Kurzinformation erhält man Detailinformationen zum jeweiligen Objekt wie z. B. Adresse, Telefonnummer oder Link auf die entsprechende Webseite für die kompletten Informationen. Zusätzlich sind folgende Aktionen in der Detailansicht möglich: Ort erstellen, Ort in Karte oder Kamera anzeigen, Routenbeschreibung, als Favorit hinzufügen, auf Facebook teilen oder Klick auf den Icon der Welt für Informationen zum Content-Provider.

Abbildung 20: "In der Nähe" auf der Kartenanzeige der Wikitude App
Quelle: Eigene Darstellung

Der mobile Reiseführer enthält also keine eigenen Reiseinformationen, sondern ruft diese bei einer bestehenden Internetverbindung von den unterschiedlichen „Content Quellen", die von Wikitude „Worlds" genannt werden ab. Diese „Welten" werden von den Usern der Wikitude-Plattform kreiert. Das heißt für den Touristen, dass er bei einer Verwendung von Wikitude am Urlaubsort ausschließlich abhängig von User generated content ist. Die Reiseinformationen können folgend inkorrekt oder nicht reiserelevant sein. Jedoch werden auch renommierte und korrigierte Webportale, wie Wikipedia genutzt.

Der Reisende muss eine gewisse Vorkenntnis über den Reiseführer besitzen, um sich in der Applikation auszukennen, da er zuerst die Wikitude-Welt auswählen muss, sich jedoch hiermit möglicherweise gar nicht auskennt.

Bis jetzt ist Wikitude der erste mobile Reiseführer, der die AR Technik verwendet. Als negativ empfunden wurde das Fehlen von geplanten Stadttouren, die für den Reisenden möglicherweise von Bedeutung sein könnten und von dem Printmedium des Reiseführers beinhaltet werden. Die Einteilung der verschiedenen Points of

Interests ist außerdem etwas unübersichtlich und kann den Touristen an einem fremden Ort verwirren.

Folgend wird Wikitude nicht als eReiseführer angesehen und wird nicht das Potenzial besitzen, sich gegen die klassischen Reiseführer durchzusetzen. Jedoch wurde die Applikation drei Jahre in Folge zum „Best Augmented Reality browser"[72] gewählt und überzeugt vermutlich die geübten iPhone Nutzer, allerdings leider nicht die breite Zielgruppe der Touristen.

Abbildung 21: Live-Kameraansicht in Wikitude mit den zur Auswahl stehenden Welten
Quelle: Wikitude: http://news4mobiles.de/wp-content/uploads/2011/05/LG_wikitude.jpg

4.4.3 Tripwolf

Tripwolf eroberte 2011 mit seiner Applikation den Markt für mobile Reiseführer im Smartphone. Der Gründer Sebastian Heinzel, jetziger CEO der Tripwolf GmbH gründete 2008 den Internet-Reiseführer und entwickelt drei Jahre darauf eine mobile Version des Travel Guides. Hiermit kann der Nutzer seine Reiseinformationen online zusammenstellen und sie dann auf sein iPhone laden – um sie während seines Urlaubs jederzeit griffbereit zu haben.[73] „Die tripwolf-Apps sind der globale

---

[72] Vgl.: Apple: http://itunes.apple.com/us/app/wikitude-augmented-reality/id329731243?mt=8 [07.04.2012]

[73] Vgl.: fvw magazin: http://www.fvw.de/index.cfm?cid=11183&pk=62406&event=showarticle [25.03.2012]

Reiseführer, den man immer in der Hosentasche mitführt. Die Apps sind trotz ihrer Funktionsvielfalt einfach zu bedienen und profitieren vom umfassenden Content, den tripwolf auch im Web zur Verfügung stellt" (Heinzel, 2011).[74]

Diese Applikation wird ebenfalls von dem „Mobile Travel App Guide" als Travel Guide aufgelistet. Das Spezielle an dem mobilen Reiseführer ist der Umfang an Reiseinformationen, denn Tripwolf kombiniert klassische Reiseinformationen aus klassischen Reiseführern in Buchform, wie Marco Polo und Footprint, mit individuellen „Reisetipps und Reiseberichten von tausenden Reisenden aus aller Welt".[75]

Beim Start der App kann sich der Nutzer mit seinem Tripwolf Account anmelden, mit dem er in der Browser-Version eigenen Reiseinformationen hoch lädt, einen neuen Tripwolf Account erstellt oder die App ohne Account nutzen kann. Diese erste Wahlfreiheit des Touristen gibt ihm Sicherheit, falls er seine persönlichen Daten nicht angeben möchte und ermöglicht ihm den Zugang zur Tripwolf-Community, wenn er bereits registriert ist.

Das Hauptmenü des mReiseführers ist sehr übersichtlich, da die Reiter in der logischen Reihenfolge des Vorgehens gegliedert sind. Der erste Reiter „Destination suchen" ermöglicht die Auswahl eines von über 200 Reisezielen, deren Reiseführer per Klick runtergeladen wird. Die einzelnen Reiseführer sind alle über eine zentrale Tripwolf-Anwendung verfügbar und lassen sich für den Offline-Betrieb downloaden. Beim Download kann man zwischen reinem Text (ca. 5 MB), Text und Karten (ca. 50 MB) und einer vollständigen Version inklusive Fotos (ca. 100 MB) wählen, je nachdem, wie viel Informationen benötigt werden, bzw. wie viel Speicherkapazität auf dem Smartphone noch zur Verfügung steht. Die Basis-Version aller Orte sowie die komplette Applikation für Palma de Mallorca können kosten-

---

[74] Vgl.: Tripwolf: http://www.tripwolf.com/de/presse [22.03.2012]
[75] Vgl.: Tripwolf: http://www.tripwolf.com/de/page/about [22.03.2012]

los genutzt werden, wohingegen die restlichen Reiseführer für je 4,99 € gekauft werden können. Seit November und Dezember 2011 bietet Tripwolf jeden Tag fünf Reiseführer gratis an und versucht so, die Bekanntheit und das Image der mobilen Reiseführer zu steigern, was den Reisenden zugutekam.[76]

Unter dem zweiten Menüpunkt „Meine Guides" werden alle getätigten Downloads angezeigt. Das gewünschte Reiseziel wird hier per Klick aktiviert und schon erscheint der mobile Reiseführer für den entsprechend gewählten Ort. Des Weiteren kann das Smartphone im Hauptmenü durch GPS in dem Punkt „Locate me" geortet werden und Tripwolf öffnet automatisch den mReiseführer zu dem Ort, in dem sich das iPhone befindet. Mit dem Download der jeweiligen Städte-App bekommt man integrierte Straßenkarten, die auch offline abrufbar sind. Auch alle anderen Funktionen sind ohne Internetverbindung verfügbar, so dass keine hohen Roaming-Gebühren anfallen können, sofern man diese schon vor der Ankunft im Ausland auf seinem iPhone installiert hat.

Wie in Abbildung 23 sichtbar wird, hat der Tourist eine breite Auswahl an touristischem Angebotsspektrum und wählt zwischen verschiedenen Interessenskategorien, wie u. a. „Kultur & Sehenswürdigkeiten", „Essen", oder „Unterkünfte", um die entsprechenden Beispiele der Stadt zu erhalten.

---

[76] Vgl.: ifun.de: http://www.iphone-ticker.de/tripwolf-reisefuehrer-kostenlos-stadtplan-28197 [25.03.2012]

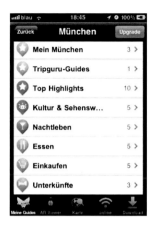

Abbildung 22: Tripwolf Reiseführer für Smartphones mit Basisversion von München
Quelle: Eigene Darstellung

In der kostenfreien, sogenannten „preview" Version sind nur wenige Ortseschreibungen freigeschalten. Jedoch sind die vorhandenen Berichte sehr ausführlich und enthalten relevante Reiseinformationen für den Touristen, wie zum Beispiel Öffnungszeiten eines Museums, die Spezialitäten eines Restaurants oder die Verkehrsanbindung zum gebuchten Hotel. Außerdem wird der Reisende nicht nur über die Fakten des Ortes oder der Einrichtung informiert, sondern bekommt auch den User generated content der Tripwolf-Community eingeblendet und kann seine eigene Bewertung zu den besuchten Orten damit in dem mobilen Reiseführer auf dem Smartphone ergänzen. Diese enthalten meistens spezielle Insider Tipps oder subjektive Bewertungen der Gäste, die sich in der Vergangenheit bereits in dem Zielgebiet aufgehalten haben. Die einzelnen Orte werden durch die Tripwolf Nutzer anhand von Stimmen bewertet, die dem Reisenden nochmals die besten Orte seines Zielgebiets veranschaulichen.

Abbildung 23: Tripwolf App mit Informationen über den Chinesischen Turm in München
Quelle: Eigene Darstellung

Der Augmented Reality Viewer, mit dessen Hilfe man die interessantesten Spots in der Umgebung entdecken kann, ist wie bei Wikitude ein nützlicher Helfer bei der Orientierung des Touristen. Dabei erhält er, wenn er die Umgebung mit der Kamera scannt, am Display die wichtigsten Facts zu den Points of Interest. Die Tripwolf Applikation besitzt 500.000 dieser Points of Interest und die Anzahl erweitert sich mit jedem Update.[77]

Da die professionell erstellten Reiseberichte unter anderem von dem klassischen Printreiseführer Marco Polo stammen, der sehr bekannt und beliebt in der Branche ist, kann die Reise App an Infomaterial mit der Buchversion konkurrieren.

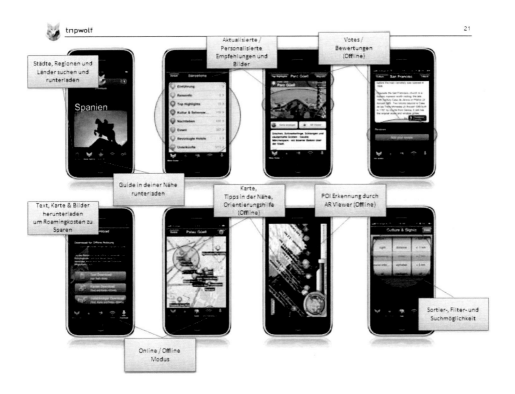

Abbildung 24: Die Hauptfunktionen der Tripwolf Applikation
Quelle: ITB 2011, Tripwolf: www.itb-berlin.de/media/de/itb/itb_media/itb.../tripwolf.pptx

---

[77] Vgl.: Tripwolf: http://www.tripwolf.com/de/presse/2010/02/09/der-erste-reisefuhrer-der-sich-selbst-aktualisiert-tripwolf-am-iphone/ [22.03.2012]

4.4.4 Tourias

Die mobilen Guides von Tourias sind wie die anderen Beispiele im App-Store vertreten. Bisher war der Content auf Zielgebietsinformationen wie Wetter oder Sehenswürdigkeiten beschränkt. Durch eine Kooperation mit GIATA können jetzt auch Bilder und Texte zu ausgewählten Hotels in der App aufgerufen werden.[78] Der mobile Reiseführer von GIATA und TOURIAS steht seit 2010 für über 100 Destinationen zur Verfügung.[79]

Die GIATA GmbH[80] wurde 1996 in Kassel gegründet und ist derzeit Marktführer für die Aufbereitung von digitalen Bild- und Textdaten für touristische Leistungsträger, wie Reiseveranstalter und Reisevermittler. Außerdem erstellt das Unternehmen aus dem vorhandenen Reise-Content schlüsselfertige Anwendungen für Web, Smartphones und iPad. GIATA ist somit für die Inhalte der Reise App verantwortlich, sowohl für die Texte als auch für die Bilder der verschiedenen Destinationen und deren Sehenswürdigkeiten.

Die Tourias Mobile GmbH[81] veröffentlicht seit 2009 offizielle Reiseinformationen von Tourismusorganisationen über mobile Medien, vor allem Smartphones. In Kooperation mit GIATA stellt TOURIAS einen kostenlosen Travel Guide für iPhone und Android-Geräte zur Verfügung. Bei Tourias handelt es sich nicht nur um eine Applikation für Endkunden, sondern insbesondere um einen Reiseführer, den Reiseveranstalter, Portale und Reisebüros in ihre Vertriebskanäle integrieren können, indem sie die Software kostenfrei oder optional im eigenen Design personalisieren können. Somit gibt es den TOURIAS Guide auch als Hotel Guide

---

[78] Vgl.: fvw magazin: http://www.fvw.de/index.cfm?cid=11181&pk=91550&event=showarticle [25.03.2012]

[79] Vgl.: Kostenlose mobile Reiseführer für iPhone & Co: http://www.tourias.de/handy-reisefuehrer/index.html [25.03.2012]

[80] Vgl.: GIATA Homepage: http://www.giata.de/de/unternehmen/portrait.html [25.03.2012]

[81] Vgl.: TOURIAS Homepage: http://www.tourias-mobile.com/unternehmen.html [25.03.2012]

oder Flug Guide. Diese Studie berücksichtigt jedoch primär den mobilen Reiseführer für die Destination München.

Die Reise App ist als Basisversion kostenlos im App Store verfügbar, enthält somit jedoch nicht alle verfügbaren Reiseinformationen und Anwendungsfunktionen wie die Premium Version für 2,39 Euro. Das Logo und die typischen rötlichen Farben von Tourias ziehen sich über die gesamte Applikation hinweg, sodass die Erkennung des Corporate Designs gewährleistet ist. Das Hauptmenü weist eine Übersicht der gesamten Reiseinformationen auf, in der man unter anderem Informationen über die Geschichte des Zielgebietes sowie Sehenswürdigkeiten, Einkaufsmöglichkeiten, nützliche Informationen und Impressionen auswählen kann. Die Icons zu der jeweiligen Einteilung ziehen sich durch die gesamte Anwendung und sind für den Touristen somit leicht erkennbar. Für Ausgehmöglichkeiten beispielsweise steht der Icon mit einem Cocktailglas und für Unterkünfte der Icon mit einem Bett.

Über die optionale Upgrade-Funktion kann man den Guide um Offline-Karten und eigenen Einträge erweitern und z. B. Notizen, Beschreibungstexte, Telefonnummern und Bilder selbst hinzufügen. Außerdem unterstützt der Tourias Travel Guide auch das Merken von Einträgen in einer Favoritenliste und bietet eine aktuelle Wettervorhersage. Des Weiteren wird zwischen den Reiseinformationen eine Reihe von Werbebannern eingeblendet, die den Kunden stören könnten und die in der Premium Version ausgeblendet werden.

Abbildung 25: Premium Version Anzeige der Tourias App
Quelle: Eigene Darstellung

Die Einleitung der gewählten Destination gewährt mit Hilfe eines ausführlichen geschichtlichen und kulturellen Inhalts einen Einblick in das Zielgebiet. Auch die weiteren Texte über die Points of Interests sind mit detaillierten Texten angereichert, jedoch lässt die Gestaltung und Veranschaulichung der Formulierungen durch Bildmaterial zu wünschen übrig. Wie auch bei den anderen mobilen Reiseführern zeigt Tourias nützliche Informationen über den POI, wie die Adresse und Preiskategorie. Probleme könnten im Verständnis der Preiskategorien auftreten, da „Luxus, Mittel und Günstig, eine subjektive Beschreibung darstellt und somit jeder Mensch ein anderes Verständnis von diesen Begriffen und folgend eine andere Erwartungshaltung an den Preis hat und eine Erläuterung hierzu fehlt.

Außerdem enthält die Reise-Anwendung eine Verlinkung zu der Webseite in dem Safari Browser des iPhones und die Click-to-call Funktion für eine telefonische Reservierung bei Hotels, Restaurants oder sonstigen Sehenswürdigkeiten.

In der installierten Umgebungskarte bekommt man alle Sensationen der Stadt angezeigt und die entsprechenden Information auf Wunsch per Klick angezeigt. Mit Hilfe von LBS kann man sein iPhone per GPS orten lassen und man bekommt eine Auflistung aller touristischen Aktivitätsmöglichkeiten, die sich in der Nähe befinden. Diese können wahlweise nach „Unterkunft", „Essen & Trinken", „Freizeit und Erholung", „Ausgehen", „Sehenswürdigkeiten" und „Einkaufen" oder nach Entfernung des Zielortes gefiltert werden.

Abbildung 26: Tourias Reiseführer für Smartphones
Quelle: Eigene Darstellung

Die Funktion „Route berechnen" erfordert die Verwendung einer auf dem iPhone vorinstallierten Applikation: der Google Karte. Wünschenswert wäre dagegen die Anzeige der Route zum gewünschten Zielort in der App-eigenen Karte von Tourias, sodass der Reisende nicht mehrere Applikationen gleichzeitig nutzen muss bzw. den mobilen Reiseführer aus marketingrelevanten Gründen nicht verlässt.

Die Auflistung der „nützlichen Infos" gleicht sehr den Informationen der klassischen Reiseführer in Buchformat. Hier gibt es besondere Tipps, individuell auf das Zielgebiet angepasst, die dem Touristen bei kleinen Schwierigkeiten im Urlaub helfen oder diese verhindern sollen.

Abbildung 27: Nützliche Informationen über München in der Tourias App
Quelle: Eigene Darstellung

Eine nützliche Funktion bei dem Download des kostenpflichtigen Reiseführers ist die Integration der Counterberatungstools und Buchungsstrecken der IBE für Reisebüros, Reiseveranstalter oder Hotels. Als Zusatzleistung können wichtige Informationen zur gebuchten Reise eingebunden werden – von An- und Abreisedaten über Adressen bis hin zu Fluginformationen. Das heißt, der Reisende kann im Hauptmenü des Reiseführers seine genauen Flugdaten speichern oder das gebuchte Hotel mit Adresse Kontaktinformationen markieren, wie auch persönlichen Fotos und Notizen ablegen. Mit dem kostenpflichtigen Zusatzmodul „Activating Travellers" können Kunden über kostenlose Push-Nachrichten (iPhone) jederzeit auch vor Ort im Reiseziel angesprochen werden.[82] Der Verkauf von Ausflügen, Mietwagen und anderen Leistungen im Reiseziel lässt sich über diesen Weg gezielt steigern. Jedoch beinhaltet diese Funktion den Nachteil des Daten Roamings für den Touristen.

---

[82] Vgl.: GIATA-TOURIAS-Travel-Guide 2012 PDF. Der mobile Reisebegleiter für Ihre Kunden, S. 4

4.4.5 mTrip

"Reiseführerapplikation haben die Reisevorbereitung, Reiseerlebnisse und das Teilen dieser Erlebnisse mit Familie und Freunden komplett neu definiert. Apps sollen den Reisenden auf schnelle und einfache Art mit umfangreichen und aktuellen Informationen sowie intelligenten Offlinefunktionen versorgen. Auf diese Weise können Reisen völlig neu erlebt werden [...]" sagt Frederic de Pardieu, Gründer von mTrip. "Unsere Intention ist, dass Reisende stressfrei und voller Freude neue Attraktionen entdecken und dabei vergessen, dass sie einen Reiseführer nutzen." (Pardieu, 2010)

Abbildung 28: mTrip Reiseführer München für Smartphones
Quelle: mTrip Homepage: http://www.mtrip.de/reisefuehrer/munchen/ [25.03.2012]

mTrip entwickelt seit 2010 interaktive mobile Reiseführer für Smartphones, die Reiseinformationen vom Marktführer der europäischen Reiseführerherausgeber, Falk, enthalten. Der Inhalt zusätzlicher Reiseinformationen von Wikipedia wird auf Wunsch angezeigt.

Es sind derzeit neun Weltmetropolen als Reiseführer für iPhones am Markt: Amsterdam, Barcelona, London, Paris, Rom, Chicago, New York und San Francisco.[83] Darunter ist auch der München Travel Guide, der in diesem Buch herangezogen wird und im App Store für 4,99 Euro zum Einführungspreis und für 7,99 Euro zum Normalpreis zu erwerben ist.[84] Immer wieder gibt es von mTrip Marketingaktionen, bei denen die Applikationen für einen gewissen Zeitraum gratis zum Download bereitstehen.[85]

Der hohe Preis des Reiseführers ist ein klares Manko für den Touristen. Dieses wird jedoch durch die Individualität und Innovation wieder aufgewogen, denn mTrip besitzt einen individuellen Tourenplaner für jedes Reiseziel. Die Tour kann entweder frei aus den Besuchsorten gewählt oder mit dem mTrip Genius Routenalgorithmus nach Vorlieben des Touristen berechnet werden. Zu Beginn gibt der Tourist seine Präferenzen bezüglich Museen, Denkmälern, Parks und religiösen Sehenswürdigkeiten an. Aus diesen Werten und unter Berücksichtigung der Reisedaten, Reiseinteressen, Daten und Öffnungszeiten der Attraktionen und dem geographischen Standort, errechnet die App mit Hilfe eines von mTrip eigens programmierten Algorithmus eine Route über den Tag hinweg. Sollte der Nutzer mit den Vorschlägen nicht zufrieden sein, kann er die einzelnen Angebote der Route einfach löschen, ändern oder verschieben. Anschließend werden die Zielorte und die Tourenroute auf der Stadtkarte eingeblendet. Dies geschieht offline und somit ohne Roaming-Kosten.[86] Ferner können die Tourenziele und entsprechende Reiseinfos mit der Augmented-Reality-Funktion in die Kamera des iPhones eingeblendet werden. Die Route zu den verschiedenen POIs ist per LBS Navigation meistens so berechnet, dass alle Orte zu Fuß zu erreichen sind, alternativ kann dem Reisenden aber auch eine Verbindung mit öffentlichen Verkehrsmitteln

---

[83] Vgl.: mTrip Homepage: http://www.mtrip.de/1522/news/mtrip-guides-launch/ [25.03.2012]
[84] Vgl.: Mobile Travel App Guide, S. 142
[85] Vgl.: App-kostenlos.de: http://www.app-kostenlos.de/tag/mtrip-munchen/ [25.03.2012]
[86] Vgl.: mTrip Reiseführer: http://www.mtrip.de/faq/ [25.03.2012]

angezeigt werden. Die Fotos, Beschreibungen, Details und Kommentare anderer User runden das Angebot zu den jeweiligen Attraktionen ab.

Abbildung 29: Erstellung einer individuellen Reiseroute in der mtrip App für München
Quelle: Eigene Darstellung

Eine weitere spezielle Funktion des mTrip Reiseführers ist die Möglichkeit der Erstellung und Versendung von persönlichen elektronischen Postkarten. Diese werden nicht nur mit dem eigens erstellten Foto und Text versehen, sondern der Reisende kann außerdem den Ort und Zeitpunkt des aufgenommenen Fotos auf der Karte auswählen und diese dann per Email verschicken oder auf Facebook mit den Freunden teilen. Per Social Media Einbindung, erhält der mtrip-Nutzer die Bewertungen der Weltreisenden, die schon einmal zuvor den ausgewählten Ort besucht haben, neben den Informationen von Falk und kann ferner noch eigenen user generated content in der Applikation erstellen. Für jeden Interessenpunkt kann der Nutzer eine Bewertung, einen Bericht und ein Foto ergänzen. Diese Informationen können privat behalten oder mit allen anderen mTrip-Nutzern ausgetauscht werden. Auf Wunsch werden auch alle Reiserouten und Zielorte der besuchten Destination auf Facebook *geshared* oder *geliked*. Für diese Funktionen der Anwendung benötigt man jedoch eine Internetverbindung. Um Roaming-Gebühren auszuweichen, kann jedoch in der Suchfunktion beispielsweise nach Coffee Shops gesucht werden, die eine WLAN-Verbindung zur Verfügung stellen.

Abbildung 30: Erstellte Postkarte in der mtrip App
Quelle: Eigene Darstellung

Für den Bereich mTourism ist bei der Applikation mTrip die Hotelbuchungsfunktion „In-app-browser". von Vorteil für den Kunden auf Reisen. Das heißt, bei der Suche einer bestimmten Unterkunft in der gewünschten Destination kann der Reisende neben Informationen wie Kontakt des Hotels, Einrichtung und Anzahl der Zimmer und sonstigen Dienstleistungen des Hotels, den Button „Preise anzeigen" anklicken. Nun kann Nutzer von mtrip in einer weiteren Seite die geplanten Anreise- und Abreisedaten in einer Kalenderfunktion eingeben und gelangt danach sofort in die bekannte Hotelbuchungsplattform *Booking.de*[87]. Dort erscheint eine Auflistung der angebotenen und verfügbaren Zimmerstandards mit den verfügbaren Preisen. In den folgenden Reitern werden dann alle persönlichen Informationen des Reisenden abgefragt und zum Schluss wird der touristische Leistungsträger verbindlich bezahlt, reserviert und gebucht. Dies geschieht alles in der mtrip Applikation ohne die gewohnte Weiterleitung auf Safari oder eine andere installierte Applikation.

---

[87] Vgl.: Booking.com Homepage: http://www.booking.com/ [25.03.2012]

4.4.6 Zusammenfassung der Best Practice mobiler Reiseführer

Die in diesem Buch beschriebenen mobilen Dienste Wikitude, Tripwolf, Tourias und mTrip haben alle ein großes Potential, das touristische Angebot in den nächsten Jahren zu erweitern.

Tabelle 2: Bewertung der Best Practice Beispiele mobiler Reiseführer
Quelle: Eigene Darstellung

Bewertungskriterien	Auffindbarkeit im App Store	Preis der App	Sprache DE/EN	Corporate Design	Offline Modus	Buchung touristischer Leistungsträger	Reiseinfos Text	Reiseinfos Bilder	Reiseinfos Videos	Reiseinfos Karte	LBS "in der Nähe"	Routenplaner	AR
Wikitude	55	gratis	DE	1	0	0	0	0	1	1	1	1	1
Tripwolf	137	gratis + 4,99€	DE	0	1	0	1	1	0	1	1	0	1
Tourias	176	gratis + 2,39€	DE	1	0*	0	1	1	0	1	1	1	0
mTrip	50	4,99€ + 7,99€	DE	1	1	1	1	1	0	1	1	1	1

1 = ja
0 = nein
0* = nur bei Upgrate

Im Urlaub sind Menschen sehr informationsbedürftig, da sie sich meistens an einem ihnen unbekannten Ort befinden. Denn als Tourist hält man sich fast grundsätzlich an Orten auf, an denen man aufgrund von mangelnden Ortskenntnissen Informationen an Ort und Stelle braucht. Und durch preiswerte, leistungsfähige Smartphones hat sich die dazu benötigte Technologie mittlerweile auch in der Mittelklasse ausgebreitet. Der zunehmende Gebrauch mobiler Services im Tourismus führt vom e-Tourism zum m-Tourism und stellt touristische Unternehmen somit vor die neue Herausforderung, ihre Inhalte auch für mobile Endgeräte zugänglich zu machen.

Vom technischen Standpunkt aus betrachtet, ist der mobile Reiseführer von mTrip auch im Tourismus den anderen Applikationen ein Stück voraus. Denn diese Anwendung ist am besten mit einem klassischen Printreiseführer und sogar mit einem Reiseleiter vergleichbar. Durch seine überaus fortschrittliche und individuell auf jeden Touristen zugeschnittene Stadtführung ist er die perfekte App für einen mobilen Reiseführer. Außerdem enthält er alle weiteren Funktionen, die auch die anderen Reise Apps enthalten, wie z.B. Augmented Reality oder ausführliche Reiseinformationen, und präsentiert sich mit dem Routenplaner als nahezu vollständiger Reisebegleiter. Auch der Nachteil seines relativ teuren Preises, der bei 4,99 € liegt, wird schnell nachrangig, wenn man ihn mit einem Printreiseführer vergleicht, denn die traditionellen gedruckten Reiseführer, die etwa ab 11,95 € erhältlich sind, sind im Vergleich wesentlich teurer und enthalten weniger Reiseinformationen.[88]

Leider gibt es mTrip derzeit erst für etwa 28 Weltmetropolen, wie etwa Tokyo und New York, jedoch werden von Tag zu Tag weitere mobile Reiseführer entwickelt und auf dem Markt gebracht. Außerdem werden bis jetzt nur Apps für den Städtetourismus angeboten, sodass diese die Nachfrage der Weltreisenden oder Backpacker nicht umfassen.

Für die Reisedurchführung in einer Weltstadt stellen die oben ausführlich beschriebenen Funktionen von mTrip eine bequeme Alternative zu klassischen Reiseführern dar, schließlich hat man sein mobiles Endgerät sowieso fast immer dabei. Ferner wird auch positiv bewertet, dass der Content von mtrip, wie auch bei Tripwolf und Tourias, zum Großteil von etablierten Content Providern im Reiseführersegment (Marco Polo, Falk) bereitgestellt wird. Der user generated content ist eine Erweiterung für diese mobilen Reiseführer und beeinträchtigt somit nicht die Wahrhaftigkeit oder Objektivität der Reiseinformationen. Bei Wikitude hingegen wird der gesamte Inhalt der Applikation von den Usern selbst generiert, was Auswirkungen auf die Qualität und Vollständigkeit der Daten hat. So kann der

---

[88] Vgl.: Marco Polo Online Shop: http://shop.marcopolo.de/marco-polo/stadtfuehrer/muenchen-marco-polo-reisefuehrer-euro-pa_pid_783_10490.html?utm_source=portal&utm_medium=marcopolo&utm_campaign=teaser&et_cid=4&et_lid=10 [26.03.2012]

User von Wikitude zwar vielleicht von einer Fülle an Informationen in Großstädten profitieren, aber in Orten abseits der Massenattraktionen nur schwer Informationen finden. Dies nutzen die Gründer von mTrip wiederum als Vorteil für sich und statten ihren Reiseführer mit Reisetipps für Individualtouristen in Ihrem Reiseplaner aus.

Bei den meisten mobilen Reiseführern können bei ihrer Nutzung im Ausland hohe Roaming-Gebühren anfallen, da der Reisende zur Nutzung der Karten online sein muss und er hier meist nicht wie im Inland über eine Internetflatrate verfügt. So sind sowohl Wikitude wie auch Tourias als Reiseführer momentan noch eine teure Angelegenheit, obwohl sie kostenfrei zum Download bereit stehen. Hier ist es günstiger, für die kostenpflichtigen mobilen Reiseführer Apps von Tripwolf und mTrip (beide jeweils 4,99 € pro Stadt) zu kaufen, die dann außer für Updates und Sharing auch offline verwendet werden können.[89]

Wie auch die subjektive Einschätzung in dieser Studie, sehen auch weitere online Fachzeitschriften den mobilen Reiseführer mTrip als Best Practice Beispiel für einen mobilen Reiseführer. Denn "Die Idee ist genial und spart jede Menge Zeit [...] Für jeden Städtetouristen ist dieses Tool ein absolutes Muss." (Chip Online, 2011) und so wurde mTrip unter anderem in der Sendung Planetopia auf Sat1 im November 2011 in puncto Reisevorbereitung, Reiseinformation, Übersichtlichkeit und Zielführung als Best Practice Beispiel für mobile Reiseführer dargestellt. Er wird in dieser Sendung sogar besser bewertet als der klassische Reiseführer in Buchversion.[90]

---

[89] Vgl.: mTrip Homepage: http://www.mtrip.de [25.03.2012]

[90] Vgl.: Planetopia das Wissensmagazin: http://www.planetopia.de/archiv/news-details/datum/2011/07/04/dicker-schinken-oder-smartphone-wie-gut-sind-reisefuehrer-apps.html [26.03.2012]

Keine der bis jetzt auf den Markt gebrachten mobilen Reiseführer unterstützen Videoformate mit enthaltenen Umgebungs-oder Reiseinformationen in der sogenannten „In-App-Browser"-Funktion. Dies könnte ein wichtiger Schritt und Fortschritt in der Zukunft der Reise Apps sein. Nicht nur Videos über Sehenswürdigkeiten oder die Destination selber könnten als veranschaulichte Reiseinformationen dienen, sondern auch Videos über die Hotels oder Restaurants, die im Zielgebiet zu finden sind. Eine Einbindung des Dienstes „Google Street View"[91] oder der geplante „Google Inside View"[92] der am meisten genutzten Suchmaschine *Google*[93] in den mobilen Reiseführer wäre eine Bereicherung für den mTourismus. Als Alternative könnten die Hersteller der getesteten Reiseführer-Apps relevante touristische Reisevideos von der Plattform *YouTube* verwenden.

---

[91] Vgl.: Google Street View: http://maps.google.de/intl/de/help/maps/streetview/ [27.03.2012]

[92] Vgl.: Beispiel für Google Inside View; Virtual Globetrotting:
http://virtualglobetrotting.com/map/google-inside-view/view/?service=0 [27.03.2012]

[93] Vgl.: Google: http://www.google.de/ [27.03.2012]

5. Erfolgspotenziale und Zukunftsperspektiven mobiler Reiseführer

Um die Erfolgspotenziale mobiler Reiseführer einschätzen und erklären zu können, muss eine Situationsanalyse erfolgen. Dabei müssen sowohl die internen Unternehmensfaktoren als auch die externen Umweltfaktoren betrachtet werden. Eine etablierte Methode zur Situationsanalyse ist die sog. SWOT-Analyse. Sie berücksichtigt beide Sichtweisen und ist daher das Kernelement jeder strategischen Analyse. Das Akronym SWOT steht für die Begriffe Strenghts (= Stärken), Weaknesses (= Schwächen), Opportunities (= Chancen) und Threads (= Risiken). Es geht also bei dieser Methode um das Anfertigen einer Stärken-Schwächen-Analyse, die sogenannte Unternehmensanalyse, die sich mit den internen Faktoren der Reise Apps auseinandersetzt und einer Chancen-Risiken-Analyse, die sogenannte Umweltanalyse, die die externen Faktoren der mReiseführer erläutert.[94]

5.1 Stärken und Schwächen von ReiseApps

Die internen Faktoren von mobilen Reiseführern teilen sich, wie bereits erwähnt, in Stärken (positive interne Faktoren) und Schwächen (negative interne Faktoren) auf.

Die erste Stärke mobiler Reiseführer ist die entwickelte Technologie, die in den Smartphones steckt. „Die Liste der Ausstattungsdetails moderner Handys wächst mit erstaunlicher Geschwindigkeit" (Roman Egger, 2010). Ein großer Vorteil eines iPhones besteht in der Größe seines Touchscreens, auf dem zum Beispiel hochaufgelöstes Reisematerial in Text-, Video-, oder Bildformat auf beschränktem Platz angezeigt werden kann. Die so genannten kapazitiven Touchscreens, bei denen bereits die bloße Berührung der Oberfläche mit dem Finger ausreicht, um eine Anwendung auszuführen, sind hinsichtlich der Bedienung am benutzerfreundlichs-

---

[94] Vgl.: Düssel, M (2006), S.94

ten. Das iPhone kombiniert diese Technik mit einer intuitiven Benutzerführung. Außerdem erfordern Reise-Apps dedizierte Grafikchips, die in einem Smartphone enthalten sind und deshalb die Darstellung von Kartenmaterial für mobile Reiseführer unterstützen.

Hinsichtlich mobiler Webseiten, das heißt browserbasierte Programmen oder Websites, auf die mit einem mobilen Endgerät zugegriffen wird, oder hybriden Apps, also Anwendungen, die mobile Webseiten zum Nachladen benötigen, nutzen native Apps mit eigenem Betriebssystem das ganze Gerätepotenzial meist ohne Internetverbindung aus. Folglich sind mobile Reiseführer als native Apps[95] meist benutzerfreundlicher, effizienter in der Ressourcennutzung des Smartphones und besitzen Schnittstellen, zum Beispiel für die Handykamera für AR-Funktionen, GPS für LBS oder den Kompass für Reiserouten.[96] Bei der Mobile Tourism Studie gab knapp ein Drittel der Befragten an, keine Präferenz zwischen mobiler Applikationen oder mobilen Internetseiten zu haben, doch 45 % von ihnen bevorzugen mobile Applikationen und nur 24 % mobile Internetseiten.[97]

Wie der Reiseführer mTrip beweist, braucht der Reisende heutzutage nur noch diese Applikation für den Urlaub, da sie alle Dienste „In-App" enthält und keinerlei andere Anwendungen dessen Verwendung benötigt.

Außerdem sind die mobilen Reiseführer sehr aktuell, da sie zu jeder Zeit aktualisiert werden können und somit neue Reiseinformationen schnell und ohne hohe Kosten auf dem Endgerät angezeigt werden können.

Der wichtigste Vorteil für den Touristen ist der Preis. Hier können die mobilen Reiseführer eine ihrer größten Stärken beweisen. Denn die Apps etablieren sich i.

---

[95] Vgl.: Egger, R. (2010); S.30
[96] Vgl.: Berchtenbreiter, R.; Skript eTourism (2011); S. 428
[97] Vgl.: Mobile Tourism 2011; UMA und Jade Hochschule

d. R. in der Preisspanne von ca. 0 bis 7,99 Euro. Verglichen mit einem Textreiseführer, der bis zu 100 Euro[98] kosten kann und möglicherweise weniger Reiseinformationsmaterial enthält oder mit einem Reiseleiter, der für eine Stadtführung in etwa 60 Euro[99] pro Stunde verlangt und den vielleicht nicht jeder Tourist gerne um sich hat, ist der mobile Reiseführer am preiswertesten. Wenn nun hinzu kommt, dass der Reiseführer wie z. B. mTrip ein „Rund-um-sorglos"-Reisehilfsmittel darstellt und der Reisende mit seiner Hilfe keinerlei weitere Reiseinformationen benötigt, ist die App mit all seinen mobilen Zusatzanwendungen die beste touristische Unterstützung im Zielgebiet.

Weitere Stärken von mobilen Reiseführern sind zwar bezüglich der Usability, also der Benutzerfreundlichkeit, wie Bedienbarkeit, Verständlichkeit, Klarheit, Umfang an Reiseinformationen und Richtigkeit der Daten subjektiv zu bewerten, jedoch sehr wichtig für die Reisenden. Da Urlaub ein sogenanntes „High-Involvement-Produkt" darstellt, ist muss die Reise App die Erwartungen des Reisenden erfüllen oder sogar übertreffen, um den Urlaub unvergesslich zu machen. Die aufgeführten Best Practice Beispiele sowie viele andere mobile Reiseführer bieten eine umfangreiche touristische Unterstützung, die von Tag zu Tag *geupdated* und erweitert wird und auf diese Weise ihre Usability Stärke immer weiter ausbauen.

Neben den bereits aufgezählten Stärken der Reiseführer, zählen natürlich auch die Vorteile ihrer einzelnen Dienste zu den Stärken, die zusammen das Erfolgspotenzial der Reise Apps ausmachen. Diese sind, wie bereits erwähnt und erläutert, u. a.

---

[98] Vgl.: Amazon.de:
http://www.amazon.de/s/ref=sr_abn_pp?ie=UTF8&bbn=299731&rh=n%3A299731%2Cp_36%3A389293011 [28.03.2012]

[99] Vgl.: Stadt- und Gästeführungen durch München: http://www.muenchen-ansichten.de/preise.htm [28.03.2012]

die Ortsunabhängigkeit, Lokalisierbarkeit, Erreichbarkeit, Sicherheit, Personalisierung, Kostenvorteile und eine weite Verbreitung.[100]

Im Gegensatz zu den Stärken besitzen die heutigen mobilen Reiseführer noch einige Schwächen, da diese noch ganz am Anfang ihrer Entwicklung stehen. „Ein wichtiger Aspekt hierbei ist nach wie vor die mangelhafte Akkulaufzeit" (Roman Egger, 2010) der Smartphones und somit die begrenzte Nutzbarkeit der Reise Apps. Die derzeit auf dem Markt zu erwerbenden Smartphones sind immer noch sehr abhängig von der Stromsteckdose und dem Ladegerät, da vor allem die Verwendung von Karten, Navigationssystemen anhand von GPS und LBS viel Akkulaufzeit verbrauchen. Einige Hersteller befinden sich derzeit in der Erfindung und Entwicklung von regenerativen Energien zur Verwendung für Ladegeräte und anderen Möglichkeiten von Mobiltelefonen, wie zum Beispiel der Nutzung von Solarenergie durch integrierte Solarzellen im Samsung Blue Earth[101] oder Solarakkuladegeräte[102]. Auch die Windkraft wird neuerdings für die Aufladung von Smartphones verwendet[103]. Jedoch befinden sich all diese Entwicklungen noch im experimentellen Stadium und können diese Schwäche noch nicht ausgleichen.

5.2 Chancen und Risiken von ReiseApps

Die Umweltanalyse betrachtet die Chancen (positive externe Faktoren) und Risiken (negative externe Faktoren), die mobile Reiseführer beeinflussen. Diese Analyse gibt zudem einen Überblick über die Zukunftschancen des betrachteten Produktes, in diesem Fall der Reise-Apps.

---

[100] Vgl.: Michelsen, D. (2002), S. 19

[101] Vgl.: Samsung Blue Earth:
http://samsung.de/de/Privatkunden/Mobil/Mobiltelefone/klassischehandys/samsungblueearths7550/GT-S7550EBADBT/detail.aspx [28.03.2012]

[102] Vgl.: Solarzellen-Shop: http://www.solarzellen-shop.de/solar-ladegeraete/solarzellen-solar-ladegeraet-solar-akku.html [28.03.2012]

[103] Vgl.: Rund ums iPhone: http://www.iphonestil.com/iphone/wind-ladegerat-iphone-4-schutzhalle/ [28.03.2012]

Die Zukunft ist die wichtigste Chance oder Möglichkeit des mobilen Reiseführers. Die Nutzung von Mobiltelefonen nimmt von Jahr zu Jahr rasant zu und somit auch die Verwendung von Applikationen und folgend wiederum den Gebrauch von mobilen Reiseführern als Hilfsmittel im Urlaub. Technologische Entwicklungen im Bereich Hardware und Software von Smartphones und deren Applikationen werden diese in den nächsten Jahren stetig verbessern und verändern. Auch die Größe des Datenvolumens und die Unterstützung von Videoformaten wird in den nächsten Jahren optimiert und erweitert werden, damit der Tourist eine optimale Reiseuterstützung besitzt, welche das Zielgebiet detailliert beschreibt und veranschaulicht. Somit werden die zu bemängelnden Funktionen bei den Best Practice Beispielen immer weiter verbessert werden und hinsichtlich der Usability auf den Benutzer der Applikationen zugeschnitten werden. Noch befinden sich die meisten Reise Apps im Anfangsstadium und wurden erst entwickelt, hier verbergen sich noch einige Verbesserungsmöglichkeiten. Denn der mTourismus ist nicht ein Segment der Gegenwart, sondern der Zukunft.

Neben den dargelegten hardwarespezifischen internen Stärken gibt es eine Reihe von externen Chancen, die mobile Anwendungen indirekt beeinflussen. Die Verfügbarkeit von Breitband-Internetzugängen beispielsweise erlaubt die Benutzung von den Reise Apps, die möglicherweise nicht offline verfügbar sind, oder von den Offline-Reiseführern, die ein Update benötigen. Die derzeit angebotenen Daten-Flatrate-Tarife sind für viele Nutzer durch das günstige Preis-Leistungs-Verhältnis zumindest im Inland recht erschwinglich. Die Kosten für mobiles Surfen können folgend durch Flatrates erheblich begrenzt werden. Laut der UMA Studie[104] beanspruchen 40 % der Smartphone-User einen Vertrag mit Internet-Flatrate. Auch im Ausland sind die Roaming-Kosten erheblich zurückgegangen

---

[104] Vgl.: Mobile Tourism 2011; UMA und Jade Hochschule

und dieser Trend wird fortgeführt werden, da die EU-Kommission eine Preissenkung der Mobilfunkanbieter bis spätestens 2013 fordert.[105]

Es haben sich außerdem noch sogenannte Tablet PCs, wie das iPad von Apple auf dem Hightech Markt etabliert. Tablets „sind äußerst flache, in der Form und Größe ähnlich einer Schreibtafel aufgebaute Personal Computer (PC)", auf denen auch Applikationen installiert und verwendet werden können. Für diese Geräte wurden derzeit auch Reiseführer, wie zum Beispiel die Marco Polo App für das iPad[106] entwickelt. Somit stellt die neue Hardware eine weitere Differenzierung zur Benutzung mobiler Reiseführer für den Reisenden dar.

Auch die Frage der Umwelt wird in der Tourismusbranche zu einer der wichtigsten Kriterien für die Produkt- und Dienstleistungsentwicklung. In Zeiten des Klimawandels müssen Unternehmen aufgrund der Verschmutzung der Erde und der Atmosphäre sowie den Verbrauch von Rohstoffen durch die Industrie, möglichst umweltschonende Produktionsverfahren verwenden. Somit sind digitale Applikationen für Mobiltelefone die ökologischste Art, Reiseinformationen zu verbreiten. Hingegen wird der Reiseführer in Buchformat meistens aus dem pflanzlichen Rohstoff „Papier", welches aus Holzfaser besteht hergestellt und für dessen Gewinnung müssen natürliche Ressourcen verbraucht werden.

Wie schon erwähnt, existieren mobile Reiseführer noch längst nicht für alle Urlaubsorte der Welt. Die meisten Reise-Apps gibt es bislang nur für Hauptstädte, jedoch nicht für weitere beliebte Metropolen im Städtetourismus. Des Weiteren besteht großes Potenzial und eine Nachfrage an Reiseführern für ganze Regionen oder Ländern fernab vom Massentourismus. Aufstrebendes Marktpotenzial gibt es

---

[105] Vgl.: ARD Tagesschau Online: http://www.tagesschau.de/wirtschaft/handytarife2.html [29.03.2012]

[106] Vgl.: Marco Polo: http://www.marcopolo.de/ipad [29.03.2012]

derzeit für Backpacker-Reisen sowie Weltreisen oder Forschungsreisen.[107] Die Entwicklung von mobilen Reiseführern für ganze Teile der Welt stellt somit eine große Chance im Reisesegment dar. Ferner sind auch Autoreisen ein dominierendes Segment im Tourismus.[108] Dank der neuen Technologien, werden auch neue Funktionen, wie Navigation, Umkreissuche, Übersetzer und dynamisches Routing in die bestehenden Reise-Apps integriert. Die Informationen werden mit Texten, Bildern oder als Hörbeiträge geliefert und können auch problemlos während der Fahrt im Auto im Gegensatz zum Textreiseführer aus Sicherheitsgründen verwendet werden. Laut der Tageszeitung taz wird das Potenzial von Reise-Apps noch nicht ausgeschöpft und ist durchaus ausbaufähig.[109]

Auch der Gesellschaftswandel hin zu einer Informations- bzw. Wissensgesellschaft, die durch Mobilität gezeichnet ist, stellt eine große Chance für mobile Reiseführer und überhaupt für den Bereich des mTourismus dar, denn das Mobiltelefon ist immer und überall dabei.[110] Wenn nun noch der bestehende gesellschaftliche Mitteilungsdruck hinzukommt, der durch Social Media Webseiten, wie Facebook[111], Twitter[112] und Pinterest[113] nicht mehr wegzudenken ist, sind mobile Reiseführer heutzutage ein Muss für Online-affine Touristen. Denn die Reise-Apps leiten den Reisenden nicht nur durch die Destination, sondern sie sind parallel hierzu in der Lage, die besuchten Standorte und dazugehörigen Fotos und Infor-

---

[107] Vgl.: Evolution of the Backpacker Market; Sustainable Tourism: http://www.backpackertradenews.com.au/wp-content/uploads/2009/11/110017-EvolBackpackerMarket-WEB.pdf [27.03.2012]

[108] Vgl.: Die Zukunft des Tourismus, Z_punkt und FOCUS: http://www.z-punkt.de/fileadmin/be_user/D_Publikationen/D_Z_Perspektiven/2010_Z_perspektiven_Tourismus.pdf [27.03.2012]

[109] Vgl.: taz: Die Tageszeitung: http://www.taz.de/4/reise/europa/deutschland/artikelseite/1/und-dann-lieblos-in-die-irre-geleitet/ [30.03.2012]

[110] Vgl.: Egger, Joos (2010); S.12

[111] Vgl.: Facebook: http://www.facebook.de [27.03.2012]

[112] Vgl.: Twitter: http://www.twitter.de [27.03.2012]

[113] Vgl.: Pinterest: http://www.pinterest.com [27.03.2012]

mationen mit der Community zu teilen. „Denn es liegt in der Natur mobiler Services, soziale Beziehungen zu pflegen". (Roman Egger, 2010)

Aus Sicht der Unternehmen besteht ein großes Markt- und Erfolgspotenzial bei der Entwicklung von mobilen Reiseführern, die immer häufiger verwendet werden. Da mobiles Marketing ein immer bedeutenderes Thema wird, besteht hier die Chance für viele Firmen, Werbung auf den Apps zu schalten und dadurch neue Kunden zu generieren oder für die App-Entwickler Werbeplätze in ihren Anwendungen als weitere Umsatzquelle oder Finanzierungsmöglichkeit zu vermieten.

Das größte Risiko besteht derzeit in den Sicherheitsbedenken der Nutzer mobiler Geräte. Besonders durch die konstante Verbindung zum Internet bieten ungeschützte Handys vielfältige Möglichkeiten für den kriminellen Missbrauch. Geht es um den Schutz ihrer Daten, befürchten laut der accenture Studie 2011 viele Kunden immer noch das Ausspionieren vertraulicher Informationen (47 Prozent) oder die Spionage nach Zugangsdaten (48 Prozent). Noch größere Skepsis haben die Befragten bei der Übertragung ihres aktuellen Aufenthaltsortes (53 Prozent).[114] Da alle mobilen Reiseführer mit integriertem LBS, GPS enthalten, besteht hier ein großer Informations- und Sicherheitsbedarf bei den Anwendern.

Ein Risiko, genauso aber eine Chance kann der demographische Wandel mit sich bringen. Durch das stetig wachsende Altern der Gesellschaft kann sich das Erfolgspotenzial für eine breitere Nutzergruppe entwickeln, wenn auch die Best Ager sich an neue Technologie gewöhnen und die Verwendung von Apps im täglichen Gebrauch oder auch im Tourismus erlernen. Jedoch besteht auch die Befürchtung, dass älteren Menschen auf Grund gesundheitlicher Nachteile, wie beispielsweise Sehschwächen etc. der Gebrauch von mobilen Reiseführern erschwert und somit verwehrt wird.

---

[114] Vgl.: accenture Studie Mobile Web Watch 2011

Leider sehen sich derzeit Umwelt und Gesundheit von dem sogenannten Elektrosmog bedroht und somit müssen erst noch technische Lösungen entwickelt werden, bevor die mobilen Endgeräte durch rechtliche nationale und internationale Rahmenbedingungen der Politik in Zukunft eingeschränkt werden.

5.3 Erfolgspotenziale von Reise Apps

Die Liste der Stärken und Chancen mobiler Reiseführer ist lang und wird sich durch immer präzisere und optimierte technologische Entwicklungen ausweiten. Somit ist die Einschätzung des Potenzials des Reiseführermarktes für Smartphones aus dem Blickfeld des Nutzers durchaus positiv.

Doch auch aus Sicht der Unternehmen, die Reise-Apps entwickeln und vertreiben, befindet sich der Markt für Reise-Apps noch in den so genannten Lebenszyklusphasen[115] des Wachstums oder sogar der Einführung eines Produktes. Somit existieren zahlreiche Erfolgspotenziale, die zu einem sicheren Geschäftsmodell beitragen. „Erfolgspotenziale sind alle geschäftsspezifischen und erfolgsrelevanten Voraussetzungen, die spätestens dann vorliegen müssen, wenn die Erfolge (Gewinn/Verlust) zu realisieren sind. [...] Die wesentlichen Determinanten des Erfolgspotenzials eines Unternehmens sind aktuelle und geplante Strategien, Wettbewerbspositionen und Unternehmensstrukturen sowie die damit verbundenen Investitionsvorhaben." Sowohl bei der Durchführung einer groben Marktanalyse, u. a. bei der Suche nach den genannten Best Practice Beispielen und einer Konkurrenzanalyse erscheinen einige Lücken bei Reise Apps, die noch von den bestehenden Entwicklern oder von neuen Firmen zu füllen wären. Die Vertriebskosten mobiler Reiseführer sind überschaubar, da zum Großteil die App-Stores die Aufgabe des Verkaufs übernehmen. Da 49 % aller Apps durch die Suchfunktion der App-Stores gefunden werden und weitere 34 % durch Mundpropaganda,

---

[115] Vgl.: Wikipedia: http://de.wikipedia.org/wiki/Produktlebenszyklus [29.03.2012]

bleiben nur noch 17 %, die aktiv beworben werden müssen. Hierzu zählen die klassischen Online-Marketingmaßnahmen, wie beispielweise Bannerwerbung, Rezensionen auf Blogs, Verbreitung über soziale Netzwerke, Landingpages für die App, Kooperationen mit Destinationen, Reiseveranstalter und Leistungsträger.[116]

Somit ergibt sich erhebliches Potenzial für den Erfolg mobiler Reiseführer, sowohl für den Benutzer als auch für den Entwickler des mobilen Reiseführers.

5.4 Das Aussterben des traditionellen Reiseführers

Gemäß dem "Mobil Travel App Guide", der im März 2012 zur Reisemesse ITB in Berlin erschienen ist, gibt es allein im deutschen Apple-Store mehr als 26.000 Reise-Apps. Die Anwendungen bewegen die Tourismusbranche, denn sie können Flüge und Hotels buchen, Wissenswertes zu Sehenswürdigkeiten erzählen und ein Restaurant in der Nähe empfehlen. Schon auf der ITB 2011 wurde der „mobile Tourismus" als Zukunftsbranche vorhergesagt und bekam auch 2012 in der eTravel World – Mobile Lösungen und Social Media"[117] zahlreiche Vertretung der Branche auf der Messe. Die große Frage lautet: Wird sich das Reisen dadurch grundlegend verändern?

Wie bereits erwähnt, benutzen rund ein Viertel der von RUF Befragten auf Reisen das Smartphone. Zum einen, um Informationen über Angebote vor Ort (24 %) oder über das Reiseziel im Allgemeinen (23 Prozent) zu sammeln, zum anderen aber auch zur Wegfindung und Orientierung (23 Prozent).[118] Der mobile Reiseführer ist der grundlegende Begleiter für Touristen an einem fremden Ort. Doch bis

---

[116] Vgl.: Brightsolutions Blog: http://www.brightsolutions.de/blog/lebenszyklus-von-mobile-apps [29.03.2012]

[117] Vgl.: Informationsbroschüre ITB Berlin 2012

[118] Vgl.: Reiseanalyse (2012) Forschungsgemeinschaft Urlaub und Reisen (FUR); gefunden auf Stern.de: http://www.n-tv.de/reise/Reisefuehrer-gibts-auch-digital-article1692631.html, http://www.stern.de/reise/apps-machen-das-reisen-einfacher-1800789.html [29.03.2012]

jetzt überwiegt noch der klassische Reiseführer in Buchform. Die Frage, ob der traditionelle Reiseführer in Zukunft durch den mobilen Reiseführer ersetzt wird, bewegt die Tourismusbranche immer mehr, da es sich bei den Produkten im Grunde um Substitutionsgüter handelt und diese sich gegenseitig ausschließen können.

Entgegen dieser Meinungen stehen die Vertreter der Printreiseführer mit ihren Kunden, die gerne in einem Reisehandbuch durch den Urlaub blättern. Heike Müller vom Verlag Travel House Media ist der Überzeugung, dass „die neuen E-Books und Merian-Scout-Apps als Ergänzung zu gedruckten Reiseführern" fungieren. "Touristische Angebote im Internet, auf dem E-Book und Smartphone bieten viel Potenzial, das wir nicht außer Acht lassen. Damit machen wir unseren Print-Reiseführern leider auch selbst Konkurrenz. Doch ein Substitutionseffekt ist noch nicht erkennbar – der Markt für gedruckte Werke ist stabil." (Müller, 2011) Die Verkaufszahlen im Jahr 2010 bestätigen ihre Aussage, da der Markt der Print-Reiseführer ein Plus von 1,7 Prozent, davon ein Umsatzplus von 4,9 Prozent bei den klassischen Reiseführern aufweist.[119] Der Reisende bewertet primär die Aktualität und Übersichtlichkeit des Reiseführers und ist emotional an diesen gebunden, wie der Münchner Reiseverlag Travel House Media zusammen mit der Hochschule München, Studiengang Druck- und Medientechnik, in einem Marktforschungsprojekt über den Reiseführer der Zukunft herausgefunden hat.[120] So meinen auch die Studenten und Studentinnen der Hochschule München, dass der traditionelle Reiseführer nicht aussterben wird.

---

[119] Vgl.: Welt Online: http://www.welt.de/reise/article13347426/Reisefuehrer-wecken-Emotionen-auch-heute-noch.html [30.03.2012]

[120] Vgl.: Buchmarkt: Das Ideenmagazin für den Buchhandel: http://www.buchmarkt.de/content/37640-reisefuehrer-der-zukunft-merian-live-und-hochschule-muenchen-fuer-druck-und-medientechnik-stellten-gemeinsames-marktforschungsprojekt-vor-.htm?hilite=-Merian- [30.03.2012]

Etwas diplomatischer äußert sich der Verleger Michael Müller, der 2011 mit dem ITB-Buchpreis ausgezeichnet wurde, zu diesem Thema. Er vermutet: „Das elektronische und das gedruckte Buch werden nebeneinander existieren und wechselseitig Kaufanreize ausstrahlen. [...] Ob elektronische Reiseführer einmal das gedruckte Buch ablösen werden, steht in den Sternen."[121]

Der Zukunftsforscher Joachim Graf ist sogar vom „Aussterben der App"[122] überzeugt, da er das Produkt nur als vorübergehenden Hype ansieht und mit dem beschränkten Lifecycle des Commodore C64[123], eine nicht mehr genutzte Spielkonsole von 1980, vergleicht. So sollen also die Applikation allgemein und somit auch der mobile Reiseführer in einigen Jahren nicht mehr gefragt sein.

Jedoch sprechen die Nutzungs- und Verkaufszahlen mobiler Applikationen für eine weiter anhaltende Verbreitung der Apps. Laut der UMA Mobile Tourism Studie 2011 nutzen heute bereits 84 % der App-Nutzer Applikationen aus dem Bereich Tourismus bzw. Urlaub, wie in Abbildung 32 gezeigt wird. Die Nutzungsfrequenz wird nach eigenen Angaben in den nächsten zwölf Monaten ansteigen. 30 % der Befragten werden häufiger, nur 5 % seltener touristische Applikationen nutzen. Bei zwei Drittel der Befragten wird die Nutzungsfrequenz unverändert bleiben. Von den heutigen App-Nutzern, die noch keine Applikationen aus dem Bereich Tourismus verwenden, werden in den kommenden 12 Monaten 38 % touristische Applikationen verwenden. Diese Ergebnisse unterstreichen das Potential von Applikationen für die Tourismus-Branche und beweisen den positiven Trend für die Entwicklung von touristischen Applikationen, unter denen sich die Reise App gliedert.

---

[121] Vgl.: Buchmarkt: http://www.buchmarkt.de/content/46143-michael-mueller-der-elektronische-reisefuehrer-wird-den-gedruckten-nicht-verdraengen.htm [30.03.2012]

[122] Vgl.: ethority Blog: http://www.ethority.de/weblog/2011/02/17/%E2%80%9Edie-app-stirbt-aus%E2%80%9C-warum-zukunftsforscher-graf-unrecht-hat/ [30.03.2012]

[123] Vgl.: Wikipedia: http://de.wikipedia.org/wiki/Commodore_64 [30.03.2012]

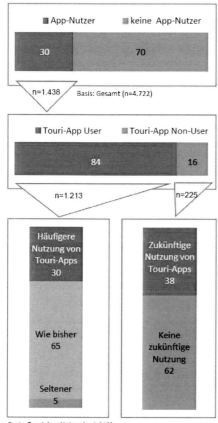

Abbildung 31: Zukunft der Tourismus-Applikationen
Quelle: UMA Mobile Tourism 2011

Der Trend geht dahin, spontan am Reiseort mit standortbezogenen Informationen auf dem Handy das genaue Ferienprogramm zu planen und sich über die Umgebung zu informieren", bestätigt auch Mario Klass, Experte für mobile Internet-Anwendungen bei TUI Deutschland.[124]

Verglichen mit traditionellen Reiseführern sind mobile Reiseführer aus dem App-Store meist deutlich preiswerter als gedruckte Exemplare. Dank der umfangrei-

---

[124] Vgl.: Gloobi.de: http://www.gloobi.de/de/Apps-ersetzen-den-Reisefuehrer-unterwegs-2.html?n=1599 [30.03.2012]

chen und immer aktuellen Inhalte, Offline-Karten und GPS-Ortung erweisen sie sich mitunter als bessere Alternative und erleichtern gleichzeitig das Reisegepäck um schwere Bücher. Außerdem sind Mobiltelefone immer in der Hosentasche dabei und werden mit Sicherheit nicht so leicht daheim vergessen. Diese und weitere Stärken von Reise-Apps sind bereits aufgeführt worden und tragen zu der Annahme bei, der mobile Reiseführer würde in absehbarer Zukunft den Printreiseführer nicht nur auf dem Markt ergänzen, sondern gar verdrängen oder ersetzen.

6. Fazit

Der Urlaub ist für die Mehrheit der Bevölkerung die wichtigste Zeit des Jahres und damit ein typisches "high involvement" Produkt, dem ein langer und gut überlegter Kaufprozess vorausgeht. Demzufolge wird sich nach auch in naher Zukunft der überwiegende Teil der Bevölkerung auf traditionelle Buch-Reiseführer verlassen, sei es wegen der Qualität oder der Lust, sich auch schon vor dem Urlaub über das Reiseland informieren zu wollen, die Reise ausführlich davor zu planen oder einfach eine gedruckte Reiseerinnerung als Sammlerstück im Regal stehen zu haben.

Trotzdem besteht die Vermutung, dass mobile Reiseführer Applikationen, auch in ihrem momentanen Entwicklungsstadium, zukünftig vor allem von jüngeren Generationen zur Erweiterung des Reiseerlebnisses immer stärker genutzt werden. Hinzu kommt, dass durch die ständigen Optimierungen der Anbieter momentan vielleicht noch vorhandene Defizite in einigen Jahren oder sogar Monaten keine Rolle mehr spielen werden. Mit dem Wandel der Zeit haben sich mobile Endgeräte sozusagen zu „Schweizertaschenmessern der Informationsgesellschaft"[125] entwickelt und sind soziologisch gesehen zu einem wichtigeren Statussymbol wie z. B. Markenkleidung oder Echtschmuck geworden. Dies wird in den kommenden Jahren durch technologische Entwicklungen und dem menschlichen Drang nach „Always in touch" mit mobilen Endgeräten verstärkt, da die bisherigen Hemmschwellen der bis jetzt abgeneigten App-Nutzer gesenkt wird. Ob im Heimatort, im Urlaub oder auf der Geschäftsreise, immer mehr Menschen nutzen ihre Smartphones, um mit ihrer Hilfe Informationen über die Einrichtungen und Aktivitäten in Ihrer Umgebung zu suchen und der Trend ist positiv. Durch die Vielfalt der Reise-Apps ist es manchmal schwer, die passende App zu finden. Doch der Reisende des 21. Jahrhunderts zeichnet sich durch Zeitmangel, Informationsbedarf

---

[125] Vgl.: Reischl, Sundt: Die mobile Revolution, 1999, S.11

und Mobilität aus. Diese drei Trends sind die unaufhaltsame Antriebskraft für die Entwicklung mobiler Reiseführer. Speziell in der Tourismusbranche legen die Reisenden immer häufiger Wert auf individuelle, personalisierte Reisen fern des Massentourismus und das aktive Erleben von neuen Welten. So ist die Einschätzung für die etwas weitere Zukunft in ca. fünf bis zehn Jahren: die Gestaltung einer individuellen Reisen, die mit Hilfe mobiler Reiseführer mit der Realität verschmilzt.

Nach persönlicher Beurteilung und der Kombination aller im Rahmen dieser Untersuchung betrachteten und verarbeiteten Informationen steckt ein enormes und ausbaufähiges Potenzial in mobilen Reiseführern. Auf lange Sicht betrachtet könnten die neuen intelligenten Reise-Apps, allen voran die Anwendung mTrip, zu der entscheidenden und ausschlaggebenden Veränderung des mTourismus beitragen und die Entwicklung einer neuen Art des Reisens, des so genannten Reisens 2.0, unterstützen. Auch die Etablierung des Begriffes „iPhone-Tourismus" kündigt einen Zukunftstrend und keinen kurzzeitigen Hype in der Branche an. Zwar ist hiermit noch die Beschaffung des Smartphones in anderen Ländern gemeint, jedoch ist nicht auszuschließen, dass „iPhone-Tourismus" in ein paar Jahren für eine neue Art des Tourismus mit mobiler Reiseleitung steht.

Ob mobile Reiseführer zukünftig das gedruckte Buch ablösen werden, bleibt unklar, doch bleibt festzustellen, dass vor etwa 20 Jahren auch noch nicht an Begriffe, wie „Internet" oder „Handy" zu denken war.

Literaturverzeichnis

Monographien

Accenture (2011): Mobile Web Watch 2011. Die Chancen der mobilen Evolution.

Alby, Tom (2008): Das mobile Web. München: Carl Hanser Verlag

Angerer, Fabian (2010). Mobile kontextsensitive Dienste für die Freizeit. In: Egger, Roman; Jooss, Mario. mTourism. Mobile Dienste im Tourismus. Wiesbaden: Gabler Verlag. S. 45 – 58

Bachleitner, Reinhard; Egger, Roman; Herdin, Thomas (2006). Innovationen in der Tourismusforschung: Methoden und Anwendungen. Münster: LIT Verlag

Bieger, Thomas (2008): Management von Destinationen. München: Oldenbourg Verlag

Bock, Benedikt (2010): Baedeker & Cook – Tourismus am Mittelrhein 1756 bis ca. 1914, Frankfurt am Main: Peter Lang Internationaler Verlag der Wissenschaften

Broeckelmann, Philipp (2010). Konsumentenentscheidungen im Mobile Commerce. Wiesbaden: Gabler Verlag

Düssel, Mirko (2006). Handbuch Marketingpraxis: Von der Analyse zur Strategie. Berlin: Cornelsen Verlag

Egger, Roman; Jooss, Mario (2010): mTourism. Mobile Dienste im Tourismus. Wiesbaden: Gabler Verlag

Freyer, Walter (2006): Tourismus. Einführung in die Fremdenverkehrsökonomie. München: Oldenbourg Wissenschaftsverlag

GIATA TOURIAS Travel Guide. Der mobile Reisebegleiter für Ihre Kunden (2012): Giata GmbH, Tourias Mobile GmbH

Go Smart (2012): Always-in-touch. Studie zur Smartphone-Nutzung 2012. Google, Otto Group, Tns Infratest, Trend

Göll, Nicolas; Lassnig, Markus; Rehrl, Karl (2010). Location-Based Services im mTourism – Quo Vadis? In: Egger, Roman; Jooss, Mario. mTourism. Mobile Dienste im Tourismus. Wiesbaden: Gabler Verlag. S. 27 – 44

Großmann, Stefan (2010): Das mobile Internet im Medienmenü. Eine explorative Rezeptionsstudie. München: GRIN Verlag

Heide, Marco; Semm, Arlett; Seyfarth, Sebastian (2009): Auswertung der empirischen Benutzertests der Handysoftware Tourias (2009): Fachhochschule Erfurt

Hess, Thomas; Hagenhoff, Svenja; Hogrefe, Dieter; Linnhof-Popien, Claudia; Rannenberg, Kai; Straube, Frank (2005): Mobile Anwendungen – Best Practices in der TIME-Branche. Sieben erfolgreiche Geschäftskonzepte für mobile Anwendungen. Göttingen: Universitätsverlag Göttingen

ITB Berlin (Hrsg.) (2012): Werbeprospekt: Absolut inspirierend. Berlin: Messe Berlin GmbH

Jaokar, Ajit; Fish, Tony (2006): Mobile Web 2.0. The innovator´s guide to developing and marketing next generation wireless/mobile applications. Futuretext

Krcmar, Helmut (2005). Informationsmanagement. Heidelberg: Springer Verlag

Kreimer, Maria (2011). mTourismus; Eruierung neuer Vertriebsmöglichkeiten im Tourismus durch mobile Endgeräte. Norderstedt: GRIN Verlag

Mennecke, Brian E.; Strader, Troy J. (2003): Mobile Commerce. Technology, Theory and Applications. Idea Group Publishing

Michelsen, Dirk; Schaale, Andreas (2002): Handy Business. M-Commerce als Massenmarkt. München: Financial Times Deutschland

Mundt, Jörn W. (2006): Tourismus. München: Oldenbourg Wissenschaftsverlag

Oertel, Britta; Kuom, Matthias; Steinmüller, Karlheinz (2001): Multimediadienste im Tourismus. In: Reichwald, Ralf: Mobile Kommunikation. (2005) Wiesbaden: Gabler Verlag. S. 475 - 487

Picot, Arnold (2002): Mobile Business - Erfolgsfaktoren und Voraussetzungen. In: Reichwald, Ralf; Neuburger, Rahild. Mobile Kommunikation - Wertschöpfung, Technologien, neue Dienste. Wiesbaden: Gabler Verlag. S. 55 - 69

Reischl, Gerald; Sundt, Heinz (1999): Die mobile Revolution. Wien/Frankfurt am Main: Wirtschaftsverlag Ueberreuter

Schulz, Axel; Weithörner, Uwe; Goecke, Robert (2010): Informationsmanagement im Tourismus. E-Tourismus: Prozesse und Systeme. München: Oldenbourg Wissenschaftsverlag

Simon Hermann, van der Gathen, Andreas (2002). Das große Handbuch der Strategie-Instrumente: Alle Werkzeuge für eine erfolgreiche Unternehmensführung. Frankfurt am Main: Campus Verlag

The death of distance. Acceptance, usage and the biggest barriers for mobile services in leisure travel Results of a representative study in GB/F/NL/GER (2011): Fachhochschule Heilbronn

Turowski, Klaus; Pousttchi, Key (2004): Mobile Commerce. Grundlagen und Techniken. Heidelberg: Springer Verlag

UMA Mobile Tourism (2011): Apps rund ums Reisen. Unister Market Research & Analysis; Jade Hochschule Wilhelmshaven

Wagner, Stefan; Franke-Opitz, Thomas; Schwartze, Carla; Bach, Franziska (2012): Mobile Travel App Guide Edition 2012 powered by ITB. München: Alabasta Verlag 2000

Weier, Michael (2003): Gäste professionell führen – ein Leitfaden für die Tourismuspraxis. Meßkirch: Gmeiner-Verlag

Weier, Michael (2005): Innovative Stadtführungen. In: Landgrebe, Silke; Schnell, Peter: Städtetourismus, München, Wien: Oldenbourg Wissenschaftsverlag

YOC Mobile Indikator (2010): Mobile Internetbefragung im YOC Premium-Netzwerk. Berlin: YOC AG

Wissenschaftliche Zeitschriften

Krane, Michael; Hildebrandt, Klaus (2012). Die verkannte Weltmacht. In: Fvw magazin: Heft: 05/12, Hamburg: Verlag Dieter Niedecken. S. 20

Pilars de Pilar, Christiane (2011). Reisebüro-Trend; Gesamtumsatz stabil zweistellig im Plus. In: Fvw magazin: Heft: 21/11, Hamburg: Verlag Dieter Niedecken. S. 52

Diplomarbeiten/Dissertationen

Hämmerli, Simon (2009). Personalisierte Videodienste in mobilen Communities. Bachelorarbeit, Universität Zürich, Schweiz

Ress, Berit (2008). Innovative Gästeführungen im Städtetourismus unter besonderer Betrachtung der elektronischen Stadtführungen. Diplomarbeit, Berufsakademie Ravensburg

Skripte

Berchtenbreiter, Ralph Prof. Dr. (Sommersemester 2011). eTourism, Hochschule München, Fakultät für Tourismus

Elektronische Medien

Amazon.de (2012): Reiseführer nach Ländern über 50 Euro, http://www.amazon.de/s/ref=sr_abn_pp?ie=UTF8&bbn=299731&rh=n%3A299731%2Cp_36%3A389293011 [28.03.2012]

App-kostenlos.de (2010): Passend zum Oktoberfest: Heute ist der mTrip Reiseführer München kostenlos, http://www.app-kostenlos.de/tag/mtrip-munchen/ [25.03.2012]

Apple (2012): App Store-Downloads bei iTunes; http://itunes.apple.com/de/genre/ios-reisen [19.03.2012]

Apple (2012): Homepage Apple Inc., http://www.apple.com/de/iphone/ [09.03.2012]

Apple (2012): Hompage Apple Inc., http://www.apple.com/iphone/from-the-app-store [12.03.2012]

ARD Tagesschau Online (2007): Kommission wertet gesenkte Roaming-Tarife als vollen Erfolg. EU will nun auch billigere Auslands-SMS erzwingen. http://www.tagesschau.de/wirtschaft/handytarife2.html [29.03.2012]

Becker, Alexander. ethority Blog (2011): „Die App stirbt aus": Warum Zukunftsforscher Graf unrecht hat, http://www.ethority.de/weblog/2011/02/17/%E2%80%9Edie-app-stirbt-aus%E2%80%9C-warum-zukunftsforscher-graf-unrecht-hat/ [30.03.2012]

Booking.com Homepage: Online-Hotelreservierungen, http://www.booking.com/ [25.03.2012]

Breuss-Schneeweis, Philipp (2009): Wikitude – Eine Handysoftware aus Salzburg erregt weltweit Aufmerksamkeit, Presseaussendung von Wikitude; http://www.wikitude.com/de/wikitude-%E2%80%93-eine-handysoftware-aus-salzburg-erregt-weltweit-aufmerksamkeit-2 [20.03.2012]

Brightsolutions (2012): Lebenszyklus von mobile Apps
http://www.brightsolutions.de/blog/lebenszyklus-von-mobile-apps [29.03.2012]

Buchmarkt (2009): Das Ideenmagazin für den Buchhandel: Reiseführer der Zukunft. MERIAN live! und Hochschule München für Druck- und Medientechnik stellten gemeinsames Marktforschungsprojekt vor,
http://www.buchmarkt.de/content/37640-reisefuehrer-der-zukunft-merian-live-und-hochschule-muenchen-fuer-druck-und-medientechnik-stellten-gemeinsames-marktforschungsprojekt-vor-.htm?hilite=-Merian- [30.03.2012]

Die Zukunft des Tourismus, Z_punkt und FOCUS (2010): http://www.z-punkt.de/fileadmin/be_user/D_Publikationen/D_Z_Perspektiven/2010_Z_perspektiven_Tourismus.pdf [27.03.2012]

Duden online, Bibliographisches Institut GmbH,
http://www.duden.de/rechtschreibung/Reisefuehrer [23.02.2012]

E-Click-Center (2010): Jade Hochschule Wilhelmshaven: mTourismus, http://www.e-clic-whv.de/content/mtourismus [10.03.2012]

Edlinger, Rainer; Hinterholzer, Thomas. Slideshare (2011): Reise-Apps: Hype oder Zukunft, http://www.slideshare.net/SalzburgerLandTourismus/tourak-hinterholzer-edlinger [28.03.2012]

Evolution of the Backpacker Market; Sustainable Tourism (2009):
http://www.backpackertradenews.com.au/wp-content/uploads/2009/11/110017-EvolBackpackerMarket-WEB.pdf [27.03.2012]

Facebook (2012): http://www.facebook.de [27.03.2012]

Fvw.de, Fvw magazin online (2009): Tripwolf. 2,5 Mill. Dollar für Reise-Community. http://www.fvw.de/index.cfm?cid=11183&pk=62406&event=showarticle [25.03.2012]

Fvw.de, Fvw magazin online (2011): Giata. Mobiler Reiseführer für das iPhone. http://www.fvw.de/index.cfm?cid=11181&pk=91550&event=showarticle [25.03.2012]

Gerhard, Beckman. Buchmarkt (2011): Das Sonntagsgespräch.   Michael Müller: Der elektronische Reiseführer wird den gedruckten nicht verdrängen, http://www.buchmarkt.de/content/46143-michael-mueller-der-elektronische-reisefuehrer-wird-den-gedruckten-nicht-verdraengen.htm [30.03.2012]

GIATA Homepage: Firmenportrait, http://www.giata.de/de/unternehmen/portrait.html [25.03.2012]

Giga Hardware (2011): iPhone-Reiseführer: Lonely Planet, Tripwolf und weitere Apps im Vergleich, http://www.giga.de/unternehmen/google/news/iphone-reisefuhrer-lonely-planet-tripwolf-und-weitere-apps-im-vergleich/ [26.03.2012]

Gloobi.de (2010): Urlaubsplaner und Reisemagazin.   Apps ersetzen den Reiseführer für unterwegs. Die Zahl der Apps für Smartphones explodiert förmlich. Doch Urlauber sollten mit der Nutzung im Ausland vorsichtig sein, http://www.gloobi.de/de/Apps-ersetzen-den-Reisefuehrer-unterwegs-2.html?n=1599 [30.03.2012]

Google Street View (2012): http://maps.google.de/intl/de/help/maps/streetview/ [27.03.2012]

Heise Mobil: Die Welt als Wiki, http://www.heise.de/mobil/artikel/Die-Welt-als-Wiki-838091.html [20.03.2012]

ifun.de, iphone-ticker.de - Deutschlands führendes Online-Magazin rund um das iPhone (2011): Reiseführer-Adventskalender: Jeden Tag 5 Städte kostenlos, http://www.iphone-ticker.de/tripwolf-reisefuehrer-kostenlos-stadtplan-28197 [25.03.2012]

Marco Polo Online Shop (2012): München. MARCO POLO Reiseführer, http://shop.marcopolo.de/marco-polo/stadtfuehrer/muenchen-marco-polo-reisefuehrer-europa_pid_783_10490.html?utm_source=portal&utm_medium=marcopolo&utm_campaign=teaser&et_cid=4&et_lid=10 [26.03.2012]

Marco Polo: Reisen mit iPad, Smart Phone & Co. Globales Netz. http://www.marcopolo.de/ipad [29.03.2012]

Meier, Sonja (2012): Informationsmanagement im Tourismus, http://www.tourismus-it.de/?Tourismus-Apps [13.03.2012]

mTrip Homepage (2010): Mit mTrip auf individuelle Entdeckungsreise gehen..., mTrip Pressezentrum, http://www.mtrip.de/1522/news/mtrip-guides-launch/ [25.03.2012]

mTrip Homepage (2011): FAQ, http://www.mtrip.de/faq/ [25.03.2012]

München Ansichten: Stadt- und Gästeführungen durch München: http://www.muenchen-ansichten.de/preise.htm [28.03.2012]

Patent.de (2008): Verfahren zur Erzeugung von Daten mit geographischem Bezug sowie mobiles elektronisches Endgerät [19.03.2012]

Pinterest (2012): http://www.pinterest.com [27.03.2012]

Planetopia das Wissensmagazin (2011): Dicker Schinken oder Smartphone? Wie gut sind Reiseführer-Apps?, http://www.planetopia.de/archiv/news-details/datum/2011/07/04/dicker-schinken-oder-smartphone-wie-gut-sind-reisefuehrer-apps.html [26.03.2012]

Reiseanalyse (2012) Forschungsgemeinschaft Urlaub und Reisen (FUR). N-tv (2010): Wenn das Handy Geheimtipps gibt. Reiseführer gibt's auch digital. http://www.n-tv.de/reise/Reisefuehrer-gibts-auch-digital-article1692631.html [29.03.2012]

Rund ums iPhone: Umweltfreundliches Wind-Ladegerät für iPhone 4 auch als Schutzhülle, http://www.iphonestil.com/iphone/wind-ladegerat-iphone-4-schutzhalle/ [28.03.2012]

Samsung (2012): Samsung Blue Earth S7750: http://samsung.de/de/Privatkunden/Mobil/Mobiltelefone/klassischehandys/samsungblueearths7550/GT-S7550EBADBT/detail.aspx [28.03.2012]

Seul, Gerrit. Slideshare (2011): Trendscope. Reise-Apps: Nutzungen, Erwartungen, Preisbereitschaft, http://www.slideshare.net/Trendscope/reiseapps-nutzung-erwartungen-preisbereitschaft-8233777 [28.03.2012]

Solarzellen-Shop.de (2012): Solar Ladegerät, http://www.solarzellen-shop.de/solar-ladegeraete/solarzellen-solar-ladegeraet-solar-akku.html [28.03.2012]

Statista GmbH (2012): Kumulierte Anzahl der weltweit heruntergeladenen Anwendungen aus dem Apple App Store in Milliarden, http://de.statista.com/ [14.03.2012]

Statista GmbH (2012): Welche Arten von Apps nutzen Sie auf Ihrem Smartphone?, http://de.statista.com/ [14.03.2012]

Stieber, Benno (2012): Welt online: Das unaufhaltsame Sterben der Reiseführer, http://www.welt.de/reise/article2096831/Das_unaufhaltsame_Sterben_der_Reisefuehrer.html [23.02.2012]

Stieneker, Silvia (2011): taz, Die Tageszeitung: Und dann lieblos in die Irre geleitet. Das Potenzial von Reise-Apps für iPad- oder Smartphone wird nicht ausgeschöpft. Fülle der Möglichkeiten wird ignoriert. http://www.taz.de/4/reise/europa/deutschland/artikelseite/1/und-dann-lieblos-in-die-irre-geleitet/ [30.03.2012]

TOURIAS Homepage (2012): Kostenlose mobile Reiseführer für iPhone & Co, http://www.tourias.de/handy-reisefuehrer/index.html [25.03.2012]

TOURIAS Homepage (2012): Tourias Über uns, http://www.tourias-mobile.com/unternehmen.html [25.03.2012]

Tripwolf (2010): Der erste Reiseführer, der sich selbst aktualisiert: tripwolf am iPhone, Tripwolf Pressebereich, http://www.tripwolf.com/de/presse/2010/02/09/der-erste-reisefuhrer-der-sich-selbst-aktualisiert-tripwolf-am-iphone/ [22.03.2012]

Tripwolf (2012): Homepage von Tripwolf, http://www.tripwolf.com/de/page/about [22.03.2012]

Tripwolf (2012): tripwolf bietet White-Label Lösungen für Reise-Apps, Tripwolf Pressebereich, http://www.tripwolf.com/de/presse [22.03.2012]

Twitter (2012): http://www.twitter.de [27.03.2012]

Virtual Globetrotting (2012): Beispiel für Google Inside View;
http://virtualglobetrotting.com/map/google-inside-view/view/?service=0
[27.03.2012]

Von Elterlein, Eberhard (2011): Welt Online: Reiseführer wecken Emotionen – auch heute noch. In Zeiten von Google Maps und Apps für das iPhone wirken Baedeker & co. Wie aus der Zeit gefallen,
http://www.welt.de/reise/article13347426/Reisefuehrer-wecken-Emotionen-auch-heute-noch.html [30.03.2012]

WELT Online (2001), http://www.welt.de/print-welt/article427300/Zahl_der_Handy_Besitzer_steigt_auf_700_Millionen.html [11.03.2012]

Wikipedia (2012): Artikel: Commodore 64,
http://de.wikipedia.org/wiki/Commodore_64 [30.03.2012]

Wikipedia (2012): Artikel: Produktlebenszyklus:
http://de.wikipedia.org/wiki/Produktlebenszyklus [29.03.2012]

Wikipedia: Artikel: Audioguide, http://de.wikipedia.org/wiki/Audioguide [07.03.2012]

Wikipedia: Artikel: Reiseführer, http://de.wikipedia.org/wiki/Reisef%C3%BChrer [23.02.2012]

Wikitude: Wikitude Worl Browser, http://www.wikitude.com/tour/wikitude-world-browser [20.03.2012]

Wirtschaftslexikon Online (2012): Erfolgspotenzial,
http://www.wirtschaftslexikon24.net/d/erfolgspotenzial/erfolgspotenzial.htm [29.03.2012]

Wortbedeutung.info: Synonyme, Bedeutungen & Übersetzungen, http://www.wortbedeutung.info/Reisef%C3%BChrer, [23.02.2012]

YouTube (2012): http://www.youtube.com [27.03.2012]